Bienen & Vögel im Garten

Bienen & Vögel

im Garten

garant

Impressum

Konzeption und Text: Markus Hattstein
Redaktion, Layout und Produktion: Budde Medien, Dortmund
ISBN 978-3-7359-1880-2

Erfahren Sie mehr!

Vorwort

Liebe Leserin, lieber Leser,

Ihr Garten ist für viele heimische Tiere ein wichtiger Lebensraum. Er bietet Nahrung, Schutz und Unterschlupf. In diesem Ratgeber erhalten Sie praktische Informationen, welche Pflanzen für Bienen und Vögel nützlich sind, was sie fressen und wie Sie ihnen das Leben im Garten erleichtern können.
Zunächst stellen wir Ihnen die heimischen Honig- und Wildbienenarten vor. Das viel diskutierte „Bienensterben" und das regionale Verschwinden ganzer Arten haben die Bedeutung Ihres Gartens als Zufluchtsort und Lebensraum deutlich erhöht. Mit naturnaher Gestaltung und Nisthilfen können Sie die Tiere unterstützen. Gleiches gilt für die Hummeln, die bekannteste Gattung der Wildbienen.
Im dritten Teil präsentieren wir Ihnen eine Auswahl der rund 300 heimischen Vogelarten, darunter einige Vertreter, die besonders im Fokus stehen. Ob Ammern, Drosseln, Finken, Meisen oder Spechte, Elstern, Eulen oder Schwalben – viele Arten suchen Ihren Garten auf, wenn sie ausreichend Nahrung und einen geeigneten Lebensraum vorfinden.
Die Vögel regulieren u. a. den Bestand an Schadinsekten und tragen zur Verbreitung der Samen von Bäumen, Büschen und Beerensträuchern bei. Mit Nistmöglichkeiten, Futter- und Frischwasserstellen sorgen Sie dafür, dass sie sich in Ihrem Garten wohlfühlen.
Anhand von typischen Merkmalen können Sie die vorgestellten Arten leicht bestimmen. Die farbigen Fotos werden ergänzt durch die wichtigsten Hintergrundinformationen und praktische Tipps.

Wir wünschen Ihnen viel Erfolg bei der Ansiedlung und Pflege heimischer Bienen und Vögel in Ihrem Garten. Damit leisten Sie einen wertvollen Beitrag zur Erhaltung der Artenvielfalt und zum Naturschutz!

Die Redaktion

Kohlmeise und Buntspecht

INHALTSVERZEICHNIS

1 BIENEN **8**

1.1 Wildbienen 10

1.2 Honigbienen 16

1.3 Das Bienenvolk 20

1.4 Die Bienenkönigin 22

1.5 Bestäubung durch Bienen 24

1.6 Bienenfreundliche Gärten 26

1.7 Die Imkerei 28

1.8 Honigproduktion und Nutzen 30

1.9 Krankheiten und Parasiten 32

1.10 Das Bienensterben 34

2 HUMMELN **36**

2.1 Heimische Hummelarten I 38

2.2 Heimische Hummelarten II 40

2.3 Erdhummeln 42

2.4 Hummeln als Bestäuber 44

2.5 Hilfe für Hummeln im Garten 46

2.6 Gefahren, Hummelsterben 50

2.7 Schwebfliegen 52

3 VÖGEL **54**

3.1 Ammern 60

3.2 Bachstelze 68

Honigbiene an einer Borretschblüte

3.3 Baumläufer 70

3.4 Drosseln 72

3.5 Eulen 80

3.6 Finken 86

3.7 Fliegenschnäpper 96

3.8 Goldhähnchen 104

3.9 Grasmücken 106

3.10 Heckenbraunelle 108

3.11 Kleiber 110

3.12 Laubsänger 112

3.13 Lerchen 116

3.14 Mauersegler 120

3.15 Meisen 122

3.16 Rabenvögel 132

3.17 Ringeltaube 136

3.18 Schwalben 138

3.19 Seidenschwanz 142

3.20 Spechte 144

3.21 Sperlinge 148

3.22 Star 150

3.23 Stockente 152

3.24 Zaunkönig 154

3.25 Zeisige 156

Register 158

Bildnachweis 160

Afrikanische Honigbiene beim Sammeln von Nektar an einer Blütenpflanze

1 BIENEN

Bienen (Apiformes) gehören zur Ordnung der Hautflügler innerhalb der Klasse der Insekten, der mit Abstand artenreichsten Klasse im gesamten Tierreich. Sie werden in elf Familien mit mehr als 20 000 Arten unterteilt, von denen die Honigbienen (Apis) mit nur neun Arten die kleinste ist.

KÖRPERBAU

Der Körper erwachsener Bienen teilt sich wie bei allen Insekten in Kopf, Brust- (Thorax) und Hinterteil (Abdomen), das bei den Bienen beweglich ist. Sie besitzen ein Außenskelett aus Chitinringen, das etwa bei den Honigbienen mit feinen Chitinhärchen besetzt ist, an denen beim Blütenbesuch Pollen hängenbleiben, sowie drei Bein- und zwei Flügelpaare, die vom Thorax ausgehen.

Am Kopf sitzen zwei Facettenaugen, die aus mehreren Tausend Einzelaugen bestehen, sowie auf der Stirn drei Facettenaugen zum Messen von Helligkeit. Zum Saugen von Nektar bilden die Hinterkiefertaster am Kinn zusammen mit der unterschiedlich langen Zunge den Rüssel. Bienen atmen wie die meisten Insekten über ein Tracheensystem. Die Arbeiterinnen der Honigbienen haben an den Bauchschuppen Wachsdrüsen zum Bau der Waben.

Alle Bienenarten durchlaufen eine Entwicklung vom Ei über verschiedene Madenstadien bis zur Puppe, aus der das fertige Insekt (Imago) schlüpft.

ERNÄHRUNG

Bienen sind reine Pflanzenfresser und saugen zuckersafthaltigen Nektar aus den Narben von Blüten; zur Eiweißaufnahme nehmen sie auch Pollen auf und leisten mit ihrem Pflanzenflug die wichtige Bestäubungstätigkeit. Nur die Staaten oder Kolonien bildenden Bienen (Honigbienen, Hummeln, Stachellose Bienen der Gattung Meliponini) sammeln Nektar und Pollen auch zum Füttern ihrer Brut und zur Anlegung von größeren Futtervorräten für die gesamte Kolonie; sie heißen Körbchensammler, da sie an den Hinterbeinen lange versteifte Haare zur Aufnahme der Pollen haben (Körbchen oder Höschen). Einzeln lebende Wildbienen sammeln Vorräte zur direkten Versorgung der Brut.

TRACHTPFLANZEN

Nektar- und pollenreiche, für Bienen besonders geeignete Pflanzenarten heißen Bienenweide oder Bienentrachtpflanzen, bei denen vor allem die Honigbienen im Blickpunkt stehen. Unter den Bienenarten sammeln einige wie Honigbienen und Hummeln ihre Nahrung an verschiedenen Pflanzenarten (Polylektie), andere wie einige Wildbienenarten an den Arten nur einer Pflanzenfamilie (Oligolektie) oder nur einer einzigen Pflanzenart (Monolektie).

GIFTSTACHEL

Der nur zur Verteidigung eingesetzte Wehrstachel der Bienen entwickelte sich aus der Eilegeröhre am Ende des Hinterleibs und findet sich nur bei weiblichen Bienen, bei Honigbienen also bei den Arbeiterinnen und der Königin. Die etwa 50 000 Insektenarten mit Wehrstachel heißen Stech- oder Wehrimmen. Nur Honigbienen und Echte Wespen wie die heimischen Arten inklusive die Hornisse setzen den Stachel auch zur Verteidigung ihres Nests bzw. des Sozialverbandes ein.
Im Gegensatz zu Wespen und Hummeln etwa reißt bei den Honigbienen durch Widerhaken am Stachel beim Wegfliegen nach dem Stich der gesamte Stechapparat mit Giftblase heraus, der für sich weiter pumpt, und die Biene verendet. Sie kann also nur einmal stechen und tut dies nur im Notfall. Bienenstiche schmerzen und schwellen an, sind aber nur für Allergiker gefährlich.

Stachel einer Wildbiene

1.1 WILDBIENEN

Wildbienen gehören mit den Grabwespen zur Überfamilie Apoidea und umfassen alle Bienenarten inklusive Hummeln mit Ausnahme der Honigbienen. Von den rund 30 000 Arten weltweit leben je nach Quelle zwischen 550 und 574 in Deutschland. Sie gehören zu den Echten Bienen und sind keine verwilderten Honigbienen.

MERKMALE

Wildbienen zeigen in Größe, Aussehen, Farbe und Musterung eine unübersehbare Vielfalt und sind selbst von Experten oft nur schwer bestimmbar. Sie sind zwischen 1,3 mm und gut 3 cm groß. Einige Arten, etwa die Hosenbiene, gleichen den pelzigen Honigbienen, andere den verwandten Faltenwespen oder Schwebfliegen. Alle lieben warme und trockene Standorte. Nur rund 5% von ihnen, z. B. die Furchenbienen, zeigen Ansätze einer Sozialstruktur mit mehreren, in unmittelbarer Nähe brütenden Weibchen und Tochterbienen, die wie Arbeiterinnen die Brut versorgen. In Deutschland sind deutlich mehr Wildbienenarten im Süden als im Norden zu Hause; Wildbienen leben nur vier bis sechs, maximal acht Wochen.
Wie bei den Honigbienen können auch die Weibchen der Wildbienen stechen. Sie tun dies aber nicht einmal, wenn man ihrem Nest zu nahe kommt, sondern nur, wenn man sie quetscht oder wenn sie versehentlich zwischen Haut und Kleidung geraten. Die kleinsten Arten können die menschliche Haut nicht durchbohren.

Wilder Bienenstock

Wildbiene der Art Megachile mendica bei der Nahrungsbeschaffung

SOLITÄRBIENEN

Gut 95% der Wildbienen leben und brüten allein und werden Solitärbienen genannt. Sie überwintern meist als Puppen oder fertige Imagines in der Puppenhülle und paaren sich im Frühjahr; anschließend legt das Weibchen die Brutröhre oder ein Nest an, sammelt Pollen und Nektar, von denen sie den größten Teil einlagert, und legt ein Ei. Dann zieht sie eine Trennwand mit Lehm und legt weitere Nester wiederum für jeweils ein Ei an, für das sie ebenfalls Vorräte angesammelt hat. So entstehen 4 bis 30 Brutzellen. Die schlüpfenden Larven ernähren sich vom Vorrat, werden aber nicht gefüttert.

KUCKUCKSBIENEN

Rund ein Viertel der Wildbienen in Deutschland sind Kuckucksbienen; die Weibchen legen ihre Eier in die bereits mit Vorräten gefüllten Nester und Brutröhren anderer Wildbienenarten, wenn die Wirtin gerade auf Nahrungssuche ist. Die Eier und Larven der Wirtsart werden von den Larven einiger Kuckucksbienen neben den fremden Vorräten mit gefressen oder verhungern. Eine starke Population an Kuckucksbienen kann bestimmte Wirtsarten im Bestand gefährden. Meist teilen die Kuckucksbienen, zu denen u. a. die Buckel-, Kegel-, Flecken- und Blutbienen gehören, mit ihren unfreiwilligen Wirtsarten die Vorliebe für die gleichen Nahrungspflanzen.

GENERALISTEN UND SPEZIALISTEN

Unter den Wildbienen gibt es Arten, die ein breites Nahrungsangebot an Pflanzen, Pollen und Nektarsorten annehmen und beim Fehlen einer Pflanzenart leicht auf andere umsteigen können. Etwa 30% der nestbauenden Wildbienen sind Nahrungsspezialisten, die nur eine Pflanzengattung oder -art aufsuchen und bestäuben sowie in ihrer Nähe leben. Sie sind besonders gefährdet und die Hauptverlierer von Monokulturen sowie dem Rückbau pflanzenreicher Weideflächen.

WILDBIENEN IM PORTRÄT

Die schon erwähnte Vielzahl und Vielfalt der Wildbienenarten macht es unmöglich, einen angemessenen Gesamtüberblick zu geben. Einige Gattungen und Arten sollen jedoch kurz vorgestellt werden.

Gelbbindige Furchenbiene, die Wildbiene des Jahres 2018 im deutschsprachigen Raum

FURCHENBIENEN

Die Furchenbienen sind in den zwei Gattungen Halictus mit gut 200 Arten, von denen 85 in Europa leben, und Lasioglossum, der artenreichsten Bienengattung überhaupt mit über 1700 Arten, vertreten. Sie zeigen sehr verschiedene Stadien des Zusammenlebens (Eusozialität) im Stil der Honigbienen und Hummeln; so bilden die Halictusarten Kolonien mit vier bis 200 Tieren und sind meist dunkel gefärbt. Die Gelbbindige Furchenbiene mit langem, gebändertem Hinterleib ähnelt von Weitem einer Schwebfliege, brütet in lockerem, sandigem Erdreich und wurde zur Wildbiene 2018 gekürt.

SANDBIENEN

Zur Gattung der Sandbienen gehören etwa 1500 Arten, von denen gut 110 in Deutschland vorkommen. Sie sind nur bis 16 mm groß, haben eine schwarze oder schwarzrote Grundfarbe und brüten in Sandböden. Viele Arten sind Nahrungsspezialisten für Pollen von Weiden (Weiden-Sandbiene), Rüben, Dolden-, Korb- oder Kreuzblütlern und werden von Kuckucksbienen parasitiert. Bei uns verbreitet ist die auffallend fuchsrote Rotpelzige Sandbiene, die ein fleißiger Bestäuber vieler Nektarpflanzen ist. Die in Schwarz, Weiß und Blau schillernde Blauschillernde Sandbiene mit ihrer Vorliebe für Raps und Ackersenf brütet in Steilwänden aus Löss, ist bei uns stark gefährdet und Wildbiene des Jahres 2019.

MAUERBIENEN

Die Mauerbienen teilen sich in drei verwandte Gattungen; etwa 50 Arten leben in Mittel-

Blauschillernde Sandbiene, die Wildbiene des Jahres 2019

europa und sind bei uns recht häufig. Als typische Solitärbienen brüten sie in Gemäuern, Steinhaufen, sandigen Böden, leeren Schneckenhäusern und Pflanzenstengeln. Sie lassen sich besonders gern in Nisthilfen nieder, da sie bereits vorgefertigte Niströhren besetzen. In Japan machen Mauerbienen heute 75% der eingesetzten Obstbestäuber aus. Auch bei uns gehören die Rote und die Gehörnte Mauerbiene zu den mit Nistblöcken aus aufklappbaren Nistbrettern für die Bestäubung gezüchteten Arten.

MASKENBIENEN

Die Maskenbienen sind in Europa mit 79 Arten heimisch, von denen 45 in Mitteleuropa leben. Sie sind deutlich an ihren weißen oder gelben Gesichtsmasken bei rein schwarzem Körper zu erkennen und besiedeln Waldränder, Hecken, Lehmgruben, Parks und Gärten. Sie brüten meist in bereits existierenden Bruthöhlen, darunter Käferfraßgängen in Totholz oder verlassenen Erdröhren anderer Bienen. Da sie unbehaart sind, müssen sie den Pollen fressen, im Kropf transportieren und im Nest für die Brut wieder hervorwürgen.

BLUTBIENEN

Die Blutbienen mit 349 Arten, von denen 30 in Mitteleuropa vorkommen, gehören zur Familie der Schmal- und Furchenbienen und sind Kuckucksbienen, die ihre Eier vorwiegend in die Nester anderer Furchenbienen legen. Sie wirken lang und schlank, sind fast kahl und haben einen schwarzen Kopf sowie ein namengebendes rotes Abdomen. Die bei uns bekannteste und mit 14 mm größte, auf lockeren Sandböden siedelnde Art Sphecodes albilabris war deutschlandweit verbreitet, ist aber inzwischen durch den Lebensraumverlust der Wirtsbienen stark gefährdet.

Blutbiene Sphecodes albilabris

HILFE FÜR WILDBIENEN IM GARTEN

Nicht nur die viel beachtete Honigbiene braucht Hilfe durch die Hand des Menschen. Das „Bienensterben“ und das regionale Verschwinden ganzer Arten treffen die Wildbienen besonders, wenn sie auch relativ krankheitsresistent sind und nicht von der Varroamilbe befallen werden.

DAS LEISE WILDBIENENSTERBEN

Stärker noch als die Honigbiene leiden Wildbienen unter der intensivierten Landwirtschaft mit Anbau von Monokulturen sowie dem Einsatz von Pestiziden und Herbiziden. Auch rückt der Mensch ihrem Lebensraum in Totholzbeständen, an unbefestigten Wegrändern, Sandwegen, Böschungen, Erdabbrüchen, Gräben und Tümpeln ebenso zu Leibe wie in Blühwiesen. Weitere Verluste erleiden sie durch extreme Niederschläge und Trockenperioden. Nicht zuletzt ist die gehegte Honigbiene ein Nahrungskonkurrent. Von den heimischen Arten gelten inzwischen mindestens 230 als bedroht, 38 als ausgestorben, 25 als vom Aussterben bedroht und 26 als extrem selten.
Das Ausbleiben der Solitärbienen oder die starke Abnahme der Individuen einer Art wird kaum bemerkt. Auch können sie bei schlechten Bedingungen nicht eine Generation ohne Nachwuchs „überspringen“, sondern sind in dieser Region gleich verschwunden. Hauptgefährdungspunkte sind die Abhängigkeit der meisten Arten von bestimmten Nahrungspflanzen und Nistplätzen sowie ihre geringe Fortpflanzungsrate.

LEISTUNG UND SCHUTZ

Dabei sind Wildbienen für die Bestäubung der meisten Wild- und vieler Zierpflanzen sowie Obstbäume unverzichtbar.
Wie die Hummeln beginnen

Bienenhotel im blühenden Garten

Furchenbiene, eine Vertreterin der weltweit artenreichsten Bienengattung mit rund 1700 Arten

Wildbienen im März auch bei trübem und kaltem Wetter mit Flug und Bestäubung, also früher als die Honigbiene. Sie sind nicht selten „fleißiger“: Die einzelne Wildbiene besucht und bestäubt bis zu 5000 Pflanzen an einem Tag. Lange hatten Wildbienen kaum eine Lobby. Doch Naturschutzbehörden und Vereine geben inzwischen eigene Blühkalender über die wichtigsten Nahrungswildpflanzen der Wildbienen heraus. Die Verbände Baden-Württembergs als des an Wildbienen reichsten Bundeslandes stellen seit 2013 eine Art als Wildbiene des Jahres in den Fokus.

GARTENGESTALTUNG

Wildbienen benötigen naturnahe, verwilderte Gärten oder zumindest „wilde Ecken“ im Garten mit lockeren Böden, liegen gelassenem Totholz oder alten, abgestorbenen Obstbäumen und Steinhaufen. Es müssen ausreichend und zu verschiedenen Zeiten blühende Wildpflanzen wie Kornblumen oder Lavendel wachsen, auch solche, die wir sonst als Unkraut oder Giftpflanzen ausreißen. Nicht jede Fläche muss künstlich begrünt werden. Trockenmauern aus Bruch- und Natursteinen ohne Mörtel bieten Mauerbienen und einigen erdbrütenden Arten Lebens- und Nisträume.

NISTHILFEN

So vielfältig wie die Wildbienen ist auch ihre Nistplatzwahl; nicht wenige Arten sind anspruchsvoll. Drei Viertel der heimischen Arten legen ihre Nester unterirdisch im Boden an, Gartenfreunde müssen es ihnen also ermöglichen. Einige Arten nehmen die Wildbienenhotels aus Holz mit gebohrten, am Ende geschlossenen Röhren an, wobei die meisten Arten nur in Alt- oder abgelagertem Holz, nicht in Frischholz nisten; die Bohrlöcher dürfen nicht zu eng beieinander liegen.
Auch an einem Ende geschlossene, gebündelte Bambusstäbe von etwa 3 bis 8 mm Durchmesser werden von ihnen häufiger bewohnt. Da Wildbienen sehr nässe- und zugempfindlich sind, sollten die Nisthilfen mit einem Holzdach versehen und an windgeschützten Orten angebracht werden.

Arbeitsbienen in den Waben

1.2 HONIGBIENEN

Die Honigbienen bilden eine Gattung der Echten Bienen (Apidae) und gliedern sich nach aktueller Taxierung in neun Arten, von denen acht in Asien leben. Die für die Imkerei bedeutsamen Arten Westliche und Östliche Honigbiene teilen sich nochmals in verschiedene Unterarten.

MERKMALE

Alle Honigbienen (Apis) sind staatenbildend, betreiben Vorratshaltung und bauen ihre Nistwaben aus körpereigenem Wachs. Sie nisten frei oder in Höhlungen. Bei der geläufigen Annahme von neun Arten werden sie grob in Riesen- und Zwerghonigbienen mit je zwei Arten und höhlennistende Honigbienen mit fünf Arten aufgeteilt; zu ihnen zählen auch die Westliche und die Östliche Honigbiene.

Alle Arten sind Körbchensammler, die Pollen an den langen, steifen Haaren ihrer Hinterbeinschienen (Tibia) sammeln und Honig produzieren, der auch von verschiedenen Säugetieren sowie Menschen genutzt wird. Honigbienen gelten wegen ihres komplexen Soziallebens traditionell als „höher entwickelte" Arten.

RIESEN- UND ZWERGHONIGBIENEN

Die in Nepal und Tibet lebende, 3 cm große Kliffhonigbiene und die nur etwas kleinere, in Indien und Südostasien lebende Riesenhonigbiene bauen nur eine einzige, rund 1 m lange und 80 cm breite Honigwabe, die ungeschützt an Steilhängen oder hohen Bäumen hängt und von Menschen in Abseilaktionen abgeschlagen wird, wodurch ein ganzes Bienenvolk seine Lebensgrundlage verliert. Die beiden in Südostasien lebenden Zwergbienenarten, die nur 6 bis 7 mm große Zwerghonigbiene und die noch kleinere Zwergbuschbiene bilden Völker von bis zu 20 000 Tieren und bauen nur eine einzige, etwa handtellergroße Wabe. Sie hängt frei am Baum und die

Tiere bedecken sie komplett mit ihren Körpern. Die Stacheln der Weibchen können menschliche Haut nicht durchdringen. Die Zwerghonigbiene verteidigt sich gegen anfliegende Vögel durch „Piepslaute", die von einem Exemplar ausgehen und sich sofort der ganzen Kolonie als sirrendes Schwirren der Körper mitteilt.

HÖHLENNISTENDE HONIGBIENEN

Zu den drei Bienenarten, außer der Westlichen und der Östlichen, gehört die auf Borneo und den Malaiischen Inseln lebende, der Östlichen ähnliche Asiatische Rote Honigbiene; sie baut ihre Nester in Bäumen. Ferner gehören dazu die im gleichen Gebiet in Bergwäldern zwischen 1800 und 3400 m Höhe lebende Asiatische Bergbiene sowie die auf den Inseln Mindanao und Sulawesi lebende Art Apis nigrocinta, die ebenfalls ihr Nest in Baumhöhlen anlegt.

DIE ÖSTLICHE HONIGBIENE

Die vor allem in Südostasien lebende, aber bis China und Japan vorkommende Östliche oder Asiatische Honigbiene (Apis cerana) ist das östliche, seit der letzten Eiszeit getrennte Pendant zur Westlichen Honigbiene und wird zur Honiggewinnung genutzt.
Sie nistet in Mauerhöhlungen oder Klotzbeuten genannten ausgehöhlten Baumstämmen, deren Abschnitte früher vom Menschen mit dem Nest aus dem Baum herausgesägt wurden und heute als Baumklötze künstlich angelegt werden.
Sie trägt weniger Honig als die westliche Art ein, ist aber vielfach widerstandsfähiger als die heutigen westlichen Züchtungen, weshalb sie auch in den Magazinbeuten der Imker gezüchtet wird.
Die Östliche Honigbiene kann nicht nur angreifende Riesenhornissen durch Bildung von Hitzekugeln töten, sondern ist auch der ursprüngliche Wirt der Varroamilbe, mit der sie durch Ausfressen befallener Zellen und gegenseitiges Putzen zu leben gelernt hat. Bereits in den 1950er-Jahren kam es zur Übertragung der Varroamilbe auf die Westliche Honigbiene mit verheerenden Folgen.

Asiatische Honigbiene

DIE WESTLICHE HONIGBIENE

Die ursprünglich in Europa, Afrika und Vorderasien beheimatete Westliche oder Europäische Honigbiene ist die einzige bei uns heimische Honigbiene und der weltweite Hauptproduzent von Honig. Durch Imkerei und Züchtungen teilt sie sich in 27, von Imkern oft als Rassen bezeichnete Unterarten.

Westliche Honigbiene, die weltweit anzutreffen ist

AUSSEHEN

Die Westliche Honigbiene (Apis mellifera) ist auch einfach als Honigbiene oder Biene bekannt, gilt als wichtiges Nutztier und ist durch Zucht und Imkerei heute weltweit verbreitet. Sie erreicht eine Größe von 11 bis 13 mm bei den Arbeiterinnen, 13 bis 16 mm bei den Drohnen und 18 bis 22 mm bei den Königinnen. Die Grundfarbe ist braun, doch weisen einige Unterarten am Hinterleib auch gelbe, orangene oder dunklere Färbungen auf. Der Hinterleib ist anders als bei Wespen nicht schwarzgelb gestreift, sondern braun mit hellen, filzartigen Haarbinden strukturiert, die wie Streifen wirken.

DIE WILDFORM UND DIE HEUTIGE FORM

Die 1758 von dem schwedischen Naturforscher Carl von Linné bestimmte Dunkle Europäische Biene (Apis mellifera mellifera) ist die einzige nördlich der Alpen ursprünglich heimische Honigbiene und Urform aller Zuchthonigbienen. Im 19. Jahrhundert kam es durch Importe vor allem zur Hybridisierung mit der italienischen Unterart. Da die Dunkle Europäische Biene hauptsächlich spät blühende Pflanzen (August/September, Spättracht) bestäubt und auf Kornblumen in Äckern sowie Klee auf Weiden angewiesen ist, galt sie in den Wirtschaftswunderjahren der Nachkriegszeit als nicht ertragreich genug. Ab den 1950er-Jahren wurde sie im gesamten deutschsprachigen Raum gezielt mit der „leistungsfähigeren" Kärntner Unterart (Carnica) gekreuzt, die mit intensiver Landwirtschaft besser zurechtkommt und mehr Ertrag liefert; die stabile Kreuzung bildet heute die heimische Honigbiene. Versuche alternativer Imker, die völlig verdrängte ursprüngliche dunkle Art wieder zu züchten, etwa in eigenen Schutzgebieten, sind leidenschaftlich umkämpft.

EUROPÄISCHE UNTERARTEN

Die auf der Italienischen Halbinsel beheimatete, 1806 als Unterart erkannte und Ligustica genannte Italienische Biene (Apis mellifera ligustica) ist in hellen Tönen von zitronengelb bis hellbraun gefärbt und gilt als fleißigste und ertragreichste aller Honigsammlerinnen, weshalb sie die weltweit am häufigsten gehaltene Honigbiene bis nach Skandinavien und Alaska ist. In Deutschland hat sie sich nicht durchgesetzt, da auch nicht versucht wurde, sie auf die Witterungsverhältnisse nördlich der Alpen zu züchten. Weitere Unterarten in Südeuropa sind die Südgriechische

Italienische Biene, die vor mehr als 200 Jahren als Unterart identifiziert wurde

(1860 bestimmt), die Sizilianische (1911) und schließlich die Makedonische Biene (1988).

CARNICA UND BUCKFAST

Die 1879 als Unterart erkannte Kärntner oder Krainer Biene (Apis mellifera carnica) ist eine natürlich entstandene Unterart, wird von den Imkern Carnica genannt und spielt für die heimische Honigbiene heute die entscheidende Rolle, da sie bereits in der Reinform größere Schwärme bildete und damit ertragreicher war als die dunkle Urform. Allgemein ist die Frage nach Reinheit oder Kreuzung der Unterarten unter Imkern heftig umstritten.

Als eigene Rasse gilt die von dem Benediktiner Bruder Adam (Karl Kehrle) ab 1916 im englischen Kloster Buckfast Abbey durch Kreuzungen mehrerer Unterarten der Westlichen Honigbiene gezüchtete friedliche Buckfastbiene, die heute weltweit gezüchtet wird und hohe Erträge bringt.

Arbeiterin eines Bienenvolks bei der täglichen Nahrungsbeschaffung

1.3 DAS BIENENVOLK

Das Bienenvolk, wie es in Imkerstöcken lebt, umfasst in der Regel 8000 bis 40 000, zur Sommersonnenwende maximal bis 60 000 Tiere. Sie sind als Staat organisiert. Der arbeitsteilige Superorganismus hält im Stock eine konstante Temperatur um 35 °C. Bei 13 °C halten die Bienen Winterruhe, unter 10 °C sterben sie.

ARBEITERINNEN

Im Bienenvolk leben drei Typen: Die Königin (siehe nächste Doppelseite), Arbeiterinnen und zeitweise Drohnen. Die Arbeiterinnen oder Arbeitsbienen entstehen aus befruchteten Eiern der Königin und sind die meiste Zeit die einzigen Bienen neben der Königin. Sie schlüpfen über die Entwicklungsstadien Ei, Larve und Puppe nach 21 Tagen aus der Arbeiterinnenzelle mit einem Gewicht von 100 mg und beginnen sofort mit ihrer Tätigkeit. Sie bauen die Waben aus körpereigenem Wachs, füttern und betreuen die Königin und die Larven (Ammenbienen), sammeln Nektar und Pollen (Sammlerinnen, ältere Arbeiterinnen), bessern Schäden aus und verteidigen das Volk gegen Eindringlinge. Arbeiterinnen leben im Sommer zwei bis sechs Wochen, bei Überwinterung vier bis sieben Monate.

Ein Pheromon der Königin verhindert die Geschlechtlichkeit der Arbeiterinnen. Beginnt doch eine mit Eierlegen, solange die Königin lebt, werden die Eier sofort von anderen Arbeiterinnen vernichtet.

DROHNEN

Nur im Frühjahr werden im Volk 500 bis maximal 2000 Drohnen aus unbefruchteten Eiern aufgezogen, die nach 24 Tagen mit einem Gewicht von 200 mg aus den Drohnenzellen schlüpfen und ein bis drei Monate leben. Sie sind unfähig zu jeder Arbeit und kommen nur für den Hochzeitsflug mit den Jungköniginnen zum Einsatz. Sie sterben bei der Kopulation; nicht zur Begattung gekommene Drohnen werden anschließend aus dem Stock geworfen und verenden.

KOMMUNIKATION

Zu den wesentlichen Leistungen des Bienenvolks zählt die Kommunikation mittels Tanzsprache. Etwa 5% der älteren Arbeiterinnen übernehmen das gefahrvolle Kundschaften, das neue Futterquellen erschließt, und teilen sie den wartenden Arbeiterinnen im Stock mit. Die Arbeiterin vollführt dazu einen Rundtanz, mit dem sie eine nahe Nahrungsquelle anzeigt. Durch Fühlerkontakt erfahren die anderen Bienen den Geruch der Pflanze. Der Schwänzeltanz zeigt Richtung, Entfernung und Ort von weiter entfernteren Futterquellen an; durch Nachtanzen nehmen andere Arbeiterinnen die Information auf. Weiterhin existieren noch ein Schütteltanz, um Nichtsammlerinnen zum Sammeln zu animieren, und ein Zittertanz als Aufforderung der Sammlerinnen an Stockbienen, den gesammelten Nektar zu übernehmen.

SCHWÄRMEN UND NISTPLATZSUCHE

Im Mai und Juni verlassen zwei Drittel des Bienenvolks, das sich vorher mit Honig gesättigt hat, mit der alten Königin den Stock und bildet meist an einem Baum eine hängende Traube. Einige Hundert Kundschafterinnen erforschen die Umgebung nach einem neuen Nistplatz und zeigen dessen Qualität bei der Rückkehr mit einem Schwänzeltanz auf dem Rücken ihrer Schwestern in der Traube an. In einem quasi „demokratischen“ Verfahren entscheiden die Arbeiterinnen der Traube und nicht die Königin, welcher Platz geeignet ist. Sie werden von vorausfliegenden Spurbienen dorthin geleitet. Die komplexen Entscheidungsfindungen zu Schwarmbildung und neuem Nistplatz werden noch erforscht.

Drohne, die bis zu drei Monate lebt

1.4 DIE BIENENKÖNIGIN

Die Weisel oder Stockmutter genannte Bienenkönigin ist das einzige geschlechtsreife weibliche Tier im Stock und sorgt für die Reproduktion des Volkes. Durch ihren verlängerten Hinterleib mit mehreren Eischläuchen im Innern ist sie größer als die Arbeiterinnen und steuert durch ihre Pheromone das gesamte Stockleben.

Bienenkönigin (Mitte), umringt von fleißigen, sie schützenden Arbeiterinnen

AUFGABE UND LEISTUNG

Da die Bienenkönigin das einzige eierlegende Tier im Stock ist, wird sie lebenslang von den Arbeiterinnen geschützt und versorgt, die auch ihre Eier betreuen und die Larven aufziehen. Ihr Dasein im Mittelpunkt eines Stocks erfolgt auch bildlich, indem stets viele Arbeiterinnen die Königin umringen. Eine Königin lebt drei bis vier Jahre, deutlich länger als die Arbeiterinnen. Sie beginnt nach der Winterpause im Januar oder Februar mit der Eiproduktion, wenn die Stockstärke am schwächsten ist, und steigert sich auf Spitzenwerte Ende Mai bis mehr als 2000 Eier pro Tag, was ihr eigenes Körpergewicht übersteigt. Sie legt befruchtete (Arbeiterinnen) oder unbefruchtete Eier (Drohnen).

PHEROMONABGABE

Daneben gibt die Königin über ihre Mandibeln Pheromone, die Königinnensubstanz, ab. Sie hemmt die Geschlechtsentwicklung der Arbeiterinnen, sorgt aber auch für ein Wohlgefühl des ganzen Volkes. Wenn die Königin zu einer Zeit stirbt oder entnommen wird (Weisellosigkeit), in der bereits Brut vorhanden ist, erweitern die Arbeiterinnen einige Zellen zu neuen Weiselzellen und ziehen neue Königinnen als Ersatz heran. Bei Weisellosigkeit außerhalb der Brutzeit beginnen einige Arbeiterinnen (Afterweisel) mit dem Legen unbefruchteter Eier (Buckelbrut) oder Jungköniginnen legen nur unbefruchtete Eier (Drohnenbrut), da sie keinen Hochzeitsflug hatten.

Gelée Royale zur Versorgung der Larven der Bienenkönigin

ENTWICKLUNGSZYKLUS

Der Schlupf einer Königin wird vor allem durch die Ernährung der Larve durch die Arbeiterinnen bestimmt. Sie bauen für künftige Königinnen eine größere, senkrecht ausgerichtete Königinnenwiege (Weiselzelle) und versorgen die Larve statt mit Futtersaft mit einem reinen Sekret aus den Kopfdrüsen der Ammen, dem Gelée Royale. Die künftige Königin durchläuft damit eine schnellere Entwicklung als Arbeiterinnen und Drohnen.

Aus dem Ei schlüpft nach drei Tagen die Larve, die bereits am siebten Tag zur Rund- und am neunten Tag zur Streckmade wird. Nach eintägigem Vorpuppenstadium wird sie am elften Tag zur Puppe und schlüpft am 16. Tag mit einem Gewicht von etwa 200 mg – fünf Tage früher als Arbeiterinnen und acht Tage früher als Drohnen.

HOCHZEITSFLUG

Im Alter von ein bis zwei Wochen starten Jungköniginnen zu einem oder mehreren Hochzeitsflügen und paaren sich mit 10 bis 20 Drohnen aus verschiedenen Stöcken. Wie die Ameisenkönigin speichert auch die Bienenkönigin den empfangenen Samen lebenslang in einer Samenblase. Da er von mehreren Drohnen stammt, haben die künftigen Stockbienen nicht alle denselben biologischen „Vater", was für Biodiversität sorgt und Inzucht vermeidet. Einzig vor dem Hochzeitsflug setzt die Königin gegebenenfalls auch ihren Stachel zum Töten von Rivalinnen ein.

Honigbiene mit reichlich Blütenstaub am Körper, den sie zu anderen Blüten weiterträgt

1.5 BESTÄUBUNG DURCH BIENEN

Rund 87,5% aller Pflanzen sind auf Fremdbestäubung angewiesen und bei etwa 80% von ihnen erfolgt die Bestäubung durch Bienenarten. Dazu gehören fast alle für den Menschen wichtigen Kulturpflanzen inklusive Obstsorten. Bei der Bestäubung durch Tiere (Zoophilie) gibt die Pflanze Nektar und Pollen ab.

SIGNALE DER PFLANZEN

Pflanzen locken Bienen und andere bestäubende Insekten gezielt an, und zwar sowohl durch ihre Farbe als auch ihren Duft; beides nehmen die Bienen deutlich wahr. Bienen sehen besonders gut gelbe und blaue Blüten und bevorzugen sie; Rot können sie nicht erkennen, rote Blüten sehen sie als dunkle Flecken. Dagegen können sie ultraviolettes Licht sehen, weshalb die meisten Blüten Pigmente haben, die ultraviolettes Licht reflektieren. Bienen können bis 30 km/h schnell fliegen, nehmen Farben aber nur bei 5 km/h Fluggeschwindigkeit wahr; daher sieht man sie an Pflanzen stets besonders „langsam" fliegen. Im Schnellflug erscheint die Umwelt für sie schwarzweiß gerastert.

Mit ihren Fühlern riechen Bienen den Duft der Pflanzen, und zwar räumlich; sie können also neben der Duftquelle auch die Richtung wahrnehmen, aus der ein Duft strömt.

DIE EIGENTLICHE BESTÄUBUNG

Bienen suchen Pflanzenblüten auf, um mit ihrem Rüssel den Nektar, zuckerhaltigen Saft auf der Narbe der Pflanze, als Grundlage des späteren Honigs zu saugen, der in der

Honigblase gespeichert wird. Die eiweißreichen männlichen Pollenkörner für die Aufzucht der Brut bleiben beim Blütenbesuch an den Korperhaaren hängen und werden im weiteren Sammelflug auf die Narbe der nächsten Blüte der gleichen Pflanzenart übertragen. Dort vereinigen sie sich mit den weiblichen Eizellen zu Zygote (vereinigte Geschlechtszelle) und Keimling (Embryo), der als Samen in einer Schutzhülle als künftige Pflanze verbreitet wird.

DER SAMMELFLUG

Eine Honigbiene besucht auf einem Sammelflug im Umkreis von etwa 5 km um den Stock mehr als 100 Pflanzen. In für sie guten Flugzeiten bringt sie es auf maximal 40 Sammelflüge pro Tag; sie sucht dann bis zu 4000 Pflanzen pro Tag auf und bestäubt sie im Idealfall. Ein Bienenvolk von 20 000 Schwarmbienen kann bis zu 20 Mio. Pflanzen pro Tag besuchen und bestäuben.
Hat eine Biene eine ertragreiche Futterquelle (Trachtenquelle) gefunden, teilt sie es im Stock ihren Schwestern durch den Rund- und Schwänzeltanz mit. Jede Biene trägt von ihrem Flug maximal 20 mg Pollen in den Stock ein, das Bienenbrot, das in Zellen eingelagert und von den Ammenbienen gefressen wird.

BLÜTENSTETIGKEIT UND ORTSTREUE

Bienen sind blütenstet und ortstreu, sie sammeln also immer wieder an den gleichen ergiebigen Pflanzen oder zumindest an denen der gleichen Art so lange, bis sie schließlich verblüht sind. Durch die ständigen tänzelnden Hinweise an die Stockschwestern werden ergiebige Standorte, Pflanzenarten und Blüten von einem Stock voll genutzt, was die Chancen der Bestäubung für diese Pflanzen deutlich erhöht und den Bienen reiche Nahrung einträgt.

Bienenschwarm über einem Feld

1.6 BIENENFREUNDLICHE GÄRTEN

Wild- und Honigbienen sind vielfach in ihrem Bestand bedroht. Neben den später erläuterten großen Gefahren führen sterile, allzu aufgeräumte und wildpflanzenarme Gärten zum Nahrungsmangel. Doch können Sie Gärten, Terrassen und Balkons leicht bienenfreundlich bepflanzen.

PFLANZENVIELFALT

Zum gesunden Überleben braucht ein Bienenvolk 25 bis 30 kg Pollen im Jahr, der in mindestens 1,5 Mio. Sammelflügen eingetragen werden muss. Bienen brauchen blüten-, nektar- und pollenreiche Pflanzen von März bis Oktober, weshalb Sie mehrere, auch nacheinander blühende Arten anbauen sollten. Einheimische, zum Standort der Bienen passende Pflanzen sollten den Vorzug vor Exoten bekommen. Nur wenig Nektar produzierende Hybriden sollten Sie ebenso meiden wie Züchtungen mit gefüllten Blüten und unzugänglichen Staubblättern, in denen Insekten keine Nahrung finden.

TRACHTPFLANZEN

Achten Sie auf eine Blühverteilung von Frühjahr bis Spätherbst, sind bienenfreundliche Frühblüher ab Januar z. B. Buschwindröschen, Leberblümchen, Wildtulpe, Blaukissen, Traubenhyazinthe, Schneeglöckchen und Krokus. Bienenfreundliche Mittelblüher in Frühjahr und Sommer sind u. a. Malve, Kornblume, Sommerazalee, Katzenminze, Fetthennen, Disteln, Kamille, Lupine, Mutterkraut und Sandglöckchen. Bienenfreundliche Spätblüher bis Oktober sind beispielsweise Goldrute, Herbstanemone, Sonnenblumen, ungefüllte Dahlien, Tagetes, Herbstaster, Ringelblume, Löwenmäulchen, Kapuzinerkresse und Margerite. Wie bei den Wildbienen bemerkt, bieten naturnahe Gärten, verwilderte Wiesen oder wilde Ecken im Garten vielen Wildpflanzen bis zu „Unkraut"

Gelbe Blüten locken Bienen an.

Bienentränke mit frischem Wasser

Raum, bei denen Bienen ihren natürlichen Lebensraum und genügend Nahrung finden. Kurzgeschnittene, grüne Rasenflächen, die manchen Garten prägen, bringen Bienen allerdings nichts.

BIENENWEIDEN

Verschiedene Bereiche des Gartens lassen sich als Bienenweiden gestalten und liefern zugleich dem Menschen Nahrung. Viele beliebte Baumarten nutzen auch den Bienen, in erster Linie Obstbäume, aber auch Bienenbaum, Salweide, Ahorn, Robinie, Eberesche und Linde. Unter den einheimischen Naturhecken und Sträuchern, die oft zur Gartenbegrenzung dienen, finden sich bienenfreundliche wie Weißdorn, Wildrose (Hagebutte), Berberitze, Schlehe, Him- und Brombeere, Johannis- und Stachelbeere, Holunder, Kletterrose, Liguster, Wildapfel, Wilder Wein und Efeu.

Ebenso viele beliebte Gemüse- und Kräutersorten sind bienenfreundlich, darunter Kürbis und Zucchini, Ackerbohne, Zwiebel und Lauch unter den Gemüsen, mediterrane Kräuter und alle Doldenblütler wie Dill, Petersilie, Liebstöckel und Koriander sowie Borretsch und Bärlauch bei den Kräutern. Auch blütenreiche Beeteinfassungen aus Lavendel und Koriander sind hilfreich.

BIENENTRÄNKEN

Honigbienen sind besonders im Frühjahr und in den heißen Sommermonaten auf Wasser angewiesen, da sowohl Einzelbienen wie der Stock überhitzen können. Die Sammlerinnen tragen Wasser in den Stock, das dort verteilt wird und durch Verdunstung kühlt.

Bienentränken sollten flache Schalen sein, etwa Blumentopfschalen, mit kühlem Wasser und flachen Steinen, Holz oder Kork, damit die Bienen nicht ins Wasser fallen und ertrinken; sie müssen sie problemlos erreichen und erklimmen können.

Die Tränken sollten an sonnigen und windstillen Orten stehen. Tränken sind auch wichtig für Wildbienen, die Wasser zum „Mörteln“ der Nester benötigen.

1.7 DIE IMKEREI

Bienen gehören zu den früh von Menschen domestizierten und gezüchteten, aber nie gezähmten Nutztieren. Bereits 12 000 Jahre alte Felsmalereien zeigen die Jagd nach Bienenprodukten, frühe Imkerei lässt sich ab 3000 v. Chr. in Mesopotamien und in Ägypten nachweisen.

IMKER ALS BERUF

Der Imker ist eine Art selbstständiger Landwirt, der vor allem Unterarten der Westlichen Honigbiene in Stöcken als künstlichen Nisthöhlen hält und betreut, in seltenen Fällen auch züchtet, ihre Produkte gewinnt und gegebenenfalls vermarktet. Imker sind in eigenen Verbänden organisiert.

In Deutschland existieren laut dem Deutschen Imkerbund rund 130 000 Imker mit etwa 870 000 Bienenvölkern aus Carnica- und seltener Buckfast-Bienen. 95% der deutschen Imker gehen ihrer Tätigkeit in der Freizeit nach, andere im Nebenberuf und nur etwa 500 sind Berufsimker. Viele von ihnen sind als Wanderimker tätig; sie transportieren ihre Völker ab dem Frühjahr zu Orten, wo Futterpflanzen (Trachten) in Mengen blühen, oft in Absprache mit Obst- und Rapsbauern. Seit etwa 500 v. Chr. ist Imkerei im deutschen Raum nachgewiesen.

BIENENSTÖCKE

Im Frühmittelalter teilte sich die Imkerei in zwei Bereiche: die Korbimkerei mit der Haltung der Völker im Bienenkorb und

Klassischer Bienenkorb

Ein Imker bei der Arbeit

die Zeidlerei des Waldimkers, der den Honig wilder Bienenvölker entnahm. Seit dem 6. Jahrhundert wurde die Imkerei im deutschen Raum durch Gesetze geregelt.
Die früheste Stockform ist wohl die Klotzbeute aus einem hohlen Baumstamm, heute noch Hauptform für die Östliche Honigbiene; das Wort „Beute“ bezeichnet ursprünglich einen Backtrog. Dann folgten für lange Zeit die aus Strohringen handgeflochtenen Bienenkörbe oder Rutenstülper in Glockenform, die wetterbeständig und atmungsaktiv waren. Als nachteilig erwies sich, dass die an die Korbwände angelagerten Waben zur Ernte herausgeschnitten und zerstört wurden.

MAGAZINBEUTEN

Im 19. Jahrhundert stellte die Einführung beweglicher Holzrahmen und Magazinbeuten als offene Holzkisten (Zargen) eine bedeutende und bis heute aktuelle Umstellung dar. Sie können von oben geöffnet werden, um die ein bis vier, maximal fünf Holzrähmchen pro Volk mit den Waben einzuhängen und zu entnehmen. Mehrere aufeinandergestapelte Zargen werden als Magazinbeute bezeichnet. Der Boden jeder Zarge besitzt ein Flugloch und der oberste Deckel eine Imprägnierung gegen Regen und Schnee. Das Volk lebt vertikal, im unteren Bereich der Zarge befindet sich der Brutraum, darüber der Honigraum. Die Magazinbeuten werden auf einem einfachen Holzgestell im Freien aufgestellt. Sie sind mobil und ermöglichten eine Verdreifachung der Honigproduktion.

BIENE UND MENSCH

Nicht nur durch Bestäubung und Imkerei war und ist die Biene mit einem positiven Image vielfach in der menschlichen Kulturgeschichte präsent. Sprichwörtlich wurden der Bienenfleiß und die Arbeitsamkeit der Honigbienen sowie der Honig als Beispiel für Süße und Wohlgeschmack. Auch die Wabenform und der Bienenkorb wurden als Symbol vielfach verwendet und tauchen u. a. in der Heraldik auf. Honigbienen waren z. B. die Wappentiere von Papst Urban VIII. und seiner Familie Barberini sowie des französischen Kaisers Napoleon und seiner Familie Bonaparte.

1.8 HONIGPRODUKTION UND NUTZEN

Das bekannteste und meistgenutzte Produkt der Honigbienen ist Honig, aber es ist nicht das einzige. Die Biene wird zum wichtigen Nutztier für den Menschen, dessen Wirtschaftsleistung stark ins Gewicht fällt.

Leckerer flüssiger Honig

NEKTAR UND HONIG

Im Bienenvolk leben zwei Drittel Jungbienen, die im Stock arbeiten, und ein Drittel ältere Flugbienen oder Sammlerinnen, die täglich zwischen sieben- und 15-mal bis zu 45 min. rund 1 bis 2 km weit ausfliegen. Zur Füllung der Honigblase muss eine Biene zwischen 15 und 100 Blüten anfliegen. Für 1 kg Honig müsste sie 3 kg Nektar eintragen und 60 000-mal ihre Honigblase füllen; dafür müsste sie mindestens 40 000 km fliegen, also einmal um die Erde. Der eingetragene Nektar wird aus der Honigblase der Sammlerinnen durch Anbieten und Betteln an die Stockbienen weitergereicht. In der Honigblase und vor allem beim mehrfachen Weiterreichen zwischen den Stockbienen werden dem Nektar spaltende Enzyme aus den Futtersaftdrüsen zugesetzt und Wasser entzogen, bis er schließlich zu keimfreiem unreifem Honig eindickt und in gedeckelten Lagerzellen eingelagert bzw. gefüttert werden kann.

HONIGSCHLEUDERN

Für den menschlichen Gebrauch werden die Waben mit eingelagertem Honig in einer Zentrifuge (Honigschleuder) ausgeschleudert, der flüssige Honig läuft durch ein Sieb in einen Eimer oder Bottich. Anschließend wird er kühl, auf jeden Fall unter 40 °C gelagert, damit die Inhaltsstoffe erhalten bleiben. Der dickflüssige Honig, der bisweilen kristallisiert, besteht aus den Zuckerarten Fructose (Fruchtzucker, 27 bis 44%) und Glucose (Traubenzucker, 22 bis 41%) sowie 15 bis 21% Wasser und einigen Inhaltsstoffen. Neben dem weit verbreiteten Schleuderhonig gibt es auch Scheibenhonig und Wabenhonig aus nicht bebrüteten Wabenstücken.

Honigeimer mit Sieb

WEITERE BIENENPRODUKTE

Neben dem Hauptprodukt Honig nutzt der Mensch das zum Bau der Waben verwendete Bienenwachs, traditionell zur Herstellung von Kerzen, weshalb früher jedes Kloster Bienen hielt, sowie für Kosmetika, Pflegeprodukte und Imprägniermittel. Die aus den Wachsdrüsen der Arbeiterinnen ausgeschwitzten weißen Wachsplättchen werden durch Aufnahme von Pollenöl gelb. Auch der Pollen wird als hochwertiges Eiweißprodukt mit Enzymen und hohem Vitamin-B-Gehalt für Nahrungsergänzungsmittel verwendet. Die angeblich verjüngende Wirkung des Gelée Royale ist dagegen umstritten. Das von den Bienen als harzige Substanz an Knospen gesammelte Propolis oder Kittharz, mit dem die Bienen Risse und Spalten im Stock abdichten und eingeschleppte Pilze abtöten, hat eine hohe antibiotische, antivirale und antimykotische Wirkung und wird zur Heilung von Wunden, Ekzemen, Pilzerkrankungen und Rheuma eingesetzt. Mit Bienengift heilt man entzündliche Gelenkerkrankungen. Nicht zu vergessen ist der Honigwein genannte, durch Gärung alkoholhaltige Met, der bei den Germanenvölkern eine wichtige Rolle spielte.

BIENEN ALS WIRTSCHAFTSFAKTOR

Bienen sind als Bestäuber der 100 wichtigsten Kulturpflanzen nach Rind und Schwein das drittwichtigste Nutztier des Menschen. Ihre Wirtschaftsleistung wird offiziell weltweit mit mehr als 153 Mrd. Euro jährlich beziffert, während Naturschutzverbände sogar von bis zu 256 Mrd. Euro pro Jahr ausgehen. Allein für Deutschland liegt der Nutzwert jährlich bei geschätzten 4 Mrd. Euro.

Honigwachs z. B. für Kerzen

1.9 KRANKHEITEN UND PARASITEN

Die heimischen Bienenstöcke sind nicht erst seit Beginn des Massensterbens von zahlreichen Gefahren und Beeinträchtigungen bedroht, die ganze Völker zum Aussterben bringen können. Die wichtigsten sollen im Folgenden kurz genannt sein. Bereits eine Unterkühlung bei heftigen Niederschlägen und in harten Wintern kann die Brut eines Bienenvolkes erheblich schädigen.

VARROAMILBE

Die 1,1 mm lange und 1,6 mm breite Varroamilbe (Varroa destructor) ist der bekannteste Bienenschädling. Sie befiel die Östliche Honigbiene, nur deren Drohnenbrut, und wird von ihr durch Ausfressen beschädigter Brutkammern in Schach gehalten. Seit den 1950er-Jahren ist die Milbe auch Parasit der Westlichen Honigbiene, 1977 wurde sie in Deutschland erstmals nachgewiesen.

Beide Geschlechter des Bienenschädlings und die Nymphen befallen die Larven in der Brutzelle, saugen ihre Körperflüssigkeiten (Hämolymphe) und vermehren sich in der Zelle, wodurch geschwächte und für Krankheiten anfällige Bienen mit geringerer Lernfähigkeit und Lebenserwartung schlüpfen. Nur die Weibchen der Varroa heften sich darüber hinaus an adulte Bienen, meist auf die Unterseite des Hinterleibs, und widerstehen auch allen Putzversuchen.

Durch Kontakte mit Beinen anderer Stöcke und durch Wanderimkerei im Frühjahr breitet sich die Varroa aus und wird mit elf offiziell in Deutschland zugelassenen chemischen Mitteln bekämpft. Daneben versuchen Imker Bienen auf Varroaresistenz zu züchten, wobei die afrikanischen Unterarten bessere Erfolge zeitigen.

Eine zweite Milbe (Varroa jacobsoni) aus der Familie der Varroa hat sich auf die asiatischen Bienen spezialisiert. Forscher der Purdue-Universität in Indiana (USA) wiesen nach, dass Varroa jacobsoni auch europäische Bienen befallen kann und damit eine Bienenart, die weltweit die häufigste Bestäuberin ist.

FAULBRUT

Bei dieser bakteriellen Erkrankung der Brut unterscheidet man die relativ harmlose Europäische Faulbrut (EFB) von der bösartigen und anzeigepflichtigen, durch das Bakterium Paenibacillus larvae verursachten Amerikanischen Faulbrut (AFB), die auch Bienenpest genannt wird. Das Bakterium gelangt durch Fütterung mit kontaminiertem Honig, der seine Sporen enthält, durch die Ammenbienen in die Brut und vermehrt sich als Stäbchen in den Därmen der Larve. Sie wird vollständig zu einem schleimig fauligen Brei in den verdeckelten Zellen zersetzt.

NOSEMOSE

Die häufigste Krankheit adulter Bienen ist hoch ansteckend. Die einzelligen Kleinsporentierchen Nosema apis oder Nosema ceranae breiten sich über Sporen im Darm der Arbeiterinnen aus und verursachen Durchfall; die geschwächten Bienen können nicht mehr fliegen und sterben. Über die Ausscheidungen der erkrankten Bienen kontaminieren Sporen die Waben und werden oft durch Gerätschaften des Imkers, die damit in Berührung kommen, auf andere Stöcke übertragen. Sammlerinnen, die mit Pestiziden in Kontakt kamen, sind deutlich anfälliger.

FLÜGELDEFORMATION

Das DWV (Deformed Wing Virus) ist ein Virus, das die RNA (Genom, Erbgut) der Bienen und einiger Hummelarten infiziert und sich in verstümmelten oder fehlenden Flügeln und aufgeblähtem Hinterleib zeigt. Es kann Bienen jeden Alters befallen – infizierte Larven sterben sofort nach dem Schlüpfen – und ganze Völker töten. Wie andere der 22 bekannten Viruserkrankungen, die Bienen befallen können, wird es von der Varroamilbe übertragen.

Oben: Varroamilben, die Todfeinde der Bienen, unten: Inspektion eines Bienenstocks auf Milbenbefall

1.10 DAS BIENENSTERBEN

Als Bienensterben werden seit den 2000er-Jahren teilweise dramatische Rückgänge bei Völkern der Honigbiene und bei Wildbienen bezeichnet. Das Phänomen ist nicht einheitlich, in der Fachwelt heftig umstritten und wird aktuell vielfach erforscht, führt aber insgesamt zu einer stärkeren Beachtung des Bienenschutzes durch breite Kreise der Bevölkerung.

Verendete Bienen in einem Feld

DAS PHÄNOMEN

Ein Verlust von etwa einem Zehntel der Bienenvölker in jedem Winter gilt als normal. Nach dem Jahr 2000 zeigte sich jedoch, ausgehend von den USA, in einigen Weltregionen ein dramatischer Verlust ganzer Völker bis zu 30%. Allerdings betrifft es vor allem Amerika und Europa und auch da nicht einheitlich alle Gebiete, während in anderen Regionen wie Indien und China die Bienenvölker zunehmen. Regierungen und Nichtregierungsorganisationen (NGOs) nahmen eigene Untersuchungen vor, die zu unterschiedlichen Ergebnissen führen. 2004 startete nach hohen Verlusten von Bienenvölkern im Winter 2002/03 das Deutsche Bienen Monitoring (DeBiMo, seit 2010 vom Bund gefördert), dessen Veröffentlichungen von den Naturschutzverbänden BUND und NABU jedoch 2011 heftig kritisiert wurden.

MÖGLICHE URSACHEN

Das Monitoring nannte die Varroamilbe und das Flügeldeformationsvirus sowie Mangelernährung als Hauptursachen des winterlichen Bienensterbens, blieb aber hinsichtlich der Schadwirkung des Einsatzes von Pestiziden in der Landwirtschaft reichlich vage. Dagegen wiesen Studien der NGOs und der Imkerverbände auf die verheerenden Wirkungen bestimmter Pflanzenschutzmittel hin,

Laut Studien soll vor allem die Colony Collapse Disorder durch Pestizide verursacht werden.

wodurch sie seither verstärkt in den Fokus von Untersuchungen und Erklärungen rücken.

COLONY COLLAPSE DISORDER

Als eigentliches Bienensterben im Hinblick auf Pestizide gilt das mit dem amerikanischen Namen Colony Collapse Disorder (CCD) bezeichnete Phänomen: In den Stöcken sind noch Brut, Jungbienen, Pollen und Honig vorhanden, aber keine adulten Arbeiterinnen (Sammlerinnen) und auch keine toten Arbeiterinnen im oder am Stock. Sie scheinen ausgeflogen und nicht zurückgekehrt zu sein.

NEONICS

Neonicotinoide („Neonics") sind synthetisch hergestellte, hochwirksame Insektizide und Pflanzenschutzmittel, die als Nervengifte wirken und die Weiterleitung von Nervenreizen stören oder blockieren. Laut Untersuchungen schwächen sie das Gedächtnis der Bienen, sodass sie nicht mehr zum Stock zurückfinden bzw. dort den hinweisenden Schwänzeltanz nicht mehr ausführen können. Inzwischen wurde festgestellt, dass Wildbienenarten und Hummeln von diesem Phänomen stärker betroffen sind als Honigbienen.

2008 soll das als Saatgutbeize am Mais ausgebrachte Neonic Clothianidin durch Staubwolken, die auf blühende Rapsfelder niedergingen, 11 500 Bienenvölker am Oberrhein geschädigt haben. Nach heftigen Diskussionen wurde seine Anwendung EU-weit eingeschränkt. Seither wird der Kampf um Neonics und ihre Wirkung mit Studien und Gegenstudien erbittert geführt. Das in 120 Ländern eingesetzte Neonic Imidacloprid steht im Verdacht, für das Bienensterben verantwortlich zu sein. In einem bienenfreundlichen Garten dürfen Insektizide und Pestizide nicht eingesetzt werden.

Hummel beim Nektarsammeln

2 HUMMELN

Hummeln gehören zu den Echten Bienen und sind die bekannteste und auffälligste Gattung der Wildbienen. Sie existieren in etwa 240 Arten, die hauptsächlich auf der Nordhalbkugel vorkommen. In Deutschland leben inklusive der Kuckuckshummeln 45 Arten, von denen 16 als bedroht auf der Roten Liste stehen und fünf bis sieben wohl ausgestorben sind.

MERKMALE

Hummeln (Bombus) haben einen kräftigen, rundlich wirkenden ovalen Körper. Charakteristisch sind ihre dichte pelzige Behaarung, die sie vor Kälte schützt, und ihre mehrfarbigen Streifen, bei denen die Farben Schwarz und Gelb vor Weiß und Orange dominieren. Die Mundwerkzeuge dienen wie bei allen Bienen dem Saugen von Nektar, Rüssel und Zunge sind unterschiedlich lang. Hummeln sind je nach Art verschieden groß; auch bei ihnen sind die Königinnen größer als die Arbeiterinnen, doch anders als bei den Honigbienen sind bei einigen Arten die Drohnen kleiner als die Arbeiterinnen. Die Arbeiterinnen besitzen einen Wehrstachel ohne Widerhaken zur Verteidigung (Wehrimmen), den sie jedoch nur im Notfall zur Selbstverteidigung oder zum Schutz des Nestes einsetzen. Ihr Stich schmerzt ähnlich wie ein Bienenstich. Hummeln gelten aber als die friedlichsten aller Bienenarten.

SOZIALLEBEN UND NESTBAU

Bis auf zehn Arten leben alle Hummeln sozial als Volk in einem Nest. Im Frühjahr fliegen die befruchtet überwinternden Jungköniginnen aus ihrem Winterruheversteck aus und suchen ein neues Nest in Erdhöhlen, Baumstämmen, Mäusenestern oder unter Moos. Die Königin sammelt Nektar und Pollen, die sie zu „Bienenbrot“ verarbeitet, und legt einen Honigtopf an. Dann scheidet sie Wachs zum Bau der Zellen aus ihrem Hinterleib aus. Die gelegten Eier werden mit dem Hinterleib regelrecht bebrütet. Über Larven- und Puppenstadium schlüpfen nach 20 Tagen die ersten Arbeiterinnen, welche die weitere Versorgung der wachsenden Kolonie übernehmen.

Von der ersten Eiablage bis etwa Juli scheidet die Königin ein Pheromon aus, das dafür sorgt, dass nur Arbeiterinnen aus den Eiern schlüpfen.

DROHNEN UND JUNGKÖNIGINNEN

Ab Juli stellt die Königin die Pheromonausschüttung ein. Meist vertreiben die Arbeiterinnen die Altkönigin und legen selbst unbefruchtete Drohneneier. Sofort entwickeln sich die befruchteten Eier der Altkönigin zu Jungköniginnen, von denen mehr als 100 im Nest leben. Noch stärker aber ist die Zahl der Drohnen, deren Zahl das Siebenfache der Jungköniginnen ausmachen kann. Jungköniginnen brauchen bis zum Schlupf 27, Drohnen 24,5 Tage. Auf dem Hochzeitsflug paaren sich Jungköniginnen bei den meisten Arten nur einmal, Drohnen hingegen mehrfach und verenden dann. Zum Zusammenkommen von Drohnen und Jungköniginnen gehören bei einigen Arten Balzrituale.

KUCKUCKSHUMMELN

Wie bei anderen Wildbienenarten gibt es auch bei den Hummeln Schmarotzerarten, die solitär leben und keine Arbeiterinnen ausbilden. Das Weibchen fliegt in die Nester anderer Hummelarten, frisst dort meist die Eier der Wirtsart und legt eigene, die dann im Nest aufgezogen werden. Die zehn existierenden Kuckuckshummelarten mit großem Verbreitungsgebiet kommen auch in Deutschland vor: die Angebundene, die Bärtige, die Feld-, die Felsen-, die Gelbe Alpen-, die Keusche oder Gefleckte, die Kinnbacken-, die Norwegische, die Vierfarbige und die Wald-Kuckuckshummel. Die meisten von ihnen haben sich auf das Parasitieren einer bestimmten Hummelart spezialisiert, etwa die Vierfarbige Kuckuckshummel auf die Nester der Hellen Erdhummel.

Hummelnest in einem Baum

2.1 HEIMISCHE HUMMELARTEN I

Die Gattung der Hummeln wird in 15 Untergattungen unterteilt, wobei der Status der Kuckuckshummeln umstritten ist, die einige Forscher als eigene Gattung abtrennen. Die wichtigsten heimischen Arten, deren Grundfarbe meist Dunkel bzw. Schwarz ist, werden kurz porträtiert.

Ackerhummel

ACKERHUMMEL

Die häufige, bis 18 (Königin) bzw. 15 mm (Arbeiterinnen) große Ackerhummel (Bombus pascuorum) existiert in helleren und dunkleren Varianten und hat einen gelblichen bis rotbraunen Thorax. Der Hinterleib ist vom ersten bis vierten Tergit grauschwarz, auf dem fünften und sechsten Tergit rötlich braun behaart. Als anpassungsfähiger Kulturfolger lebt sie an Waldrändern, auf Wiesen und Weiden, in Parks und Gärten. Dort besucht sie eine Vielzahl von Trachtpflanzen, von Nessel-, Klee- und Distelarten bis zu Beerensträuchern und Obstbäumen. Sie nistet sowohl ober- wie unterirdisch in Erdlöchern, Totholz und Mäusenestern wie auch in Schuppen, Ställen und Gebäuden. Sie bildet Völker von 50 bis 150 Tieren.

Feldhummel

FELDHUMMEL

Die seltene, bis 24 mm (Königin) bzw. 18 mm (Arbeiterinnen) große Feldhummel (Bombus ruderatus) ist ähnlich wie die Gartenhummel gefärbt und hat ebenfalls einen weißlichen Hinterleib (5. und 6. Tergite), aber auf dem Thorax einen gelblich braunen Streifen. Sie lebt in offenen Landschaften, vor allem Wiesen, Weiden und Böschungen, und bevorzugt mit ihrem langen Rüssel Ackerpflanzen, Schwarznesseln, Weißklee, Wicken und Weidenröschen. Sie brütet hauptsächlich in Mäusenestern und bildet Völker von 50 bis 100 Tieren.

GARTENHUMMEL

Die bis 24 (Königin) bzw. 16 mm (Arbeiterinnen) große Gartenhummel (Bombus hortorum) ist eine häufige Art auf Streuobstwiesen, in

Parks und Gärten. Vorder- und Hinterkante des Brustkorbs und das erste Tergit (Rückenplatte) des Hinterleibs sind goldgelb, das Hinterleibsende ist weiß behaart. Sie hat einen langen Rüssel und bevorzugt Lippenblütler, Wiesenklee, Eisenhut, Disteln sowie Ackerbohnen. Sie nistet in verlassenen Mäusenestern, Schuppen, Scheunen und auf Dachböden und bildet Völker von 50 bis 120 Tieren. In günstigen Jahren bringt sie eine zweite Generation hervor.

STEINHUMMEL

Die bis 22 (Königin) bzw. 16 mm große Steinhummel (Bombus lapidarius), 2005 Insekt des Jahres, ist auffallend pechschwarz gefärbt mit leuchtend braunrotem Hinterteil (Tergite 4 bis 6). Sie gehört zu den häufigsten heimischen Hummeln und lebt an Waldrändern, in Parks, auf Wiesen und in Gärten. Sie besucht bevorzugt Klees und nistet meist oberirdisch in Steinhaufen, Trockenmauern, Höhlungen in Gebäudewänden und Mäusenestern. Sie bildet Völker von 150 bis 300 Tieren.

WIESENHUMMEL

Die mit 17 (Königin) bzw. 14 mm (Arbeiterinnen) Länge eher kleine Wiesenhummel (Bombus pratorum) hat einen Kragen und ein zweites Hinterleibssegment in Gelb und einen orangeroten Hinterleib (Tergiten 4 bis 6). Sie lebt in lichten Wäldern, auf Wiesen, in Parks sowie Gärten und besucht als Kulturfolger mindestens 130 Pflanzenarten wie Akelei, Beerensträucher,

Gartenhummel

Steinhummel

Wiesenhummel

Lupine, Kastanie, Rotklee und Taubnessel. Die Königinnen beginnen bereits im März mit der Nistplatzsuche und verkriechen sich oft schon Ende August. Sie nisten oberirdisch in dichten Gebüschen, Hecken und Grasnarben, Mauerspalten oder Vogelnestern und bilden ein Volk von 50 bis 120 Tieren.

2.2 HEIMISCHE HUMMELARTEN II

Im Folgenden werden einige Arten mit besonderen Lebensräumen oder Vorlieben für Trachtpflanzen vorgestellt, die auch heimische Gärten aufsuchen. Alle Hummeln dieser Arten weisen starke Farbvarianten auf und können leicht mit anderen Arten verwechselt werden.

Baumhummel

Grashummel

Heidehummel

BAUMHUMMEL

Die bis 20 mm (Königin) bzw. 18 mm (Arbeiterinnen) große Baumhummel (Bombus hypnorum) hat einen orangebraunen oder schwarzen Thorax und einen schwarzen Hinterleib mit weißer Spitze. Sie lebt in lichten Wäldern, an Waldrändern, in Parks und Gärten, besucht verschiedene Trachtpflanzen und nistet ausschließlich oberirdisch in Vogelnestern und Vogelnistkästen, Mauer- und Felsspalten, Dachböden und Schuppen. Sie bildet Völker von 80 bis 400 Tieren, ist reizbarer als andere Arten und fliegt Lebewesen an, die sich dem Nest nähern.

GRASHUMMEL

Die bis 18 (Königinnen) bzw. 16 mm (Arbeiterinnen) große Grashummel (Bombus ruderarius) ist schwarz mit rötlich gelbem oder orangefarbenem Hinterteil (4. bis 6. Tergit) und lebt im Flachland, in Parks und Gärten. Die Königin baut oberirdisch eine Nistkugel aus Gras, Laub und Moos. Sie mag Klee, Beinwell und Wicken, bildet Völker von 50 bis 100 Tieren und gilt in Deutschland als gefährdet.

HEIDEHUMMEL

Die bis 18 mm (Königin) bzw. 14 mm (Arbeiterinnen) große Heidehummel (Bombus jonel-

Alpenhummel

lus) ist schwarz mit drei gelben Steifen über Kragen, Schildchen des Thorax und 1. Tergit des Hinterleibs sowie weißem Hinterleibsende. Auffallend sind die hellgelbe Behaarung und der kurze Rüssel. Sie lebt in Mooren und Heiden und bevorzugt Heidepflanzen wie Erica und Besenheide. Sie nistet sowohl ober- als auch unterirdisch in Mäuse-, Eichhörnchen- und Vogelnestern und bildet Völker von 50 bis 120 Tieren.

REGIONALE HUMMELARTEN

Mehrere heimische Hummelarten kommen nur in bestimmten Regionen oder Habitaten vor. So leben die schwarz mit orangerotem Hinterleib ähnlich gezeichneten Arten Alpenhummel, Bergwaldhummel und Berglandhummel fast ausschließlich in den Alpen oder in Hochgebirgen über 1000 m. Sie ernähren sich vom Nektar typischer Alpen- und Gebirgspflanzen und bilden Völker bis 150 Tiere. Ebenso leben die farbvariable Trughummel mit Völkern von 100 bis 150 Tieren, die nur Eisenhutsorten anfliegende Eisenhuthummel und die grauweiß gestreifte Grauweiße Hummel mit kleinen Völkern von 50 bis 80 Tieren in den Alpenregionen.
Dagegen ist die graubraune Sandhummel mit weißen Querstreifen auf dem Abdomen vorwiegend im Norden vertreten, wo sie auch in Parks und Gärten auftaucht und Völker von 100 bis 130 Tieren bildet. Bewohner von Heiden und Heidemooren sind die wie die Steinhummel gezeichnete Distelhummel mit Völkern von 100 bis 150 Tieren und die hell- bis rötlich braune, kurz behaarte Mooshummel mit Völkern bis 120 Tieren.

VERÄNDERLICHE HUMMEL

Die bis 18 mm (Königin) bzw. 15 mm (Arbeiterinnen) große Veränderliche Hummel (Bombus humilis) trägt ihren Namen wegen ihrer Farbvarianten; so können Thorax und Hinterleib schwarz, braun, weißlich oder kombiniert sein. Sie lebt an Waldrändern und auf Streuobstwiesen, aber auch in Parks sowie Gärten und besucht verschiedene Pflanzenarten, vor allem Klee, Disteln, Kastanien, Beerensträucher und Obstbäume. Sie bildet Völker von 50 bis 120 Tieren und baut ihre Nester oberirdisch in Krautschichten, Grasbüscheln und Moospolstern.

Veränderliche Hummel

2.3 ERDHUMMELN

Einige heimische Hummelarten zählen zu den Erdhummeln, da sie vor allem unterirdische Nester anlegen oder beziehen. Unter ihnen ragt die Dunkle Erdhummel als eine der größten und häufigsten Hummelarten in Deutschland hervor, die als Gemüsebestäuber gezüchtet wird.

Dunkle Erdhummel

DUNKLE ERDHUMMEL

Die bis 22 mm, bisweilen bis 28 mm (Königin) bzw. 17 mm (Arbeiterinnen) große Dunkle Erdhummel (Bombus terrestris) ist schwarz mit zwei dunkelgelben Querbinden auf Thorax und 2. Tergit des Hinterleibs sowie grauweißem Hinterleibsende (5. und 6. Tergit). Die Königinnen suchen als eine der frühesten Hummelarten ab Februar Nistmöglichkeiten und legen ihre Nester vorwiegend in Mäuse- und Maulwurfsgängen an. Die Dunkle Erdhummel lebt in Wäldern, auf Feldern, an Wiesenhängen und in Gärten und mag verschiedene Pflanzen. Die Völker sind mit 100 bis 600 Tieren sehr groß.

HUMMELZUCHT

Die Dunkle Erdhummel ist nicht nur die wissenschaftlich am besten erforschte Hummelart, sondern wird nach erfolgreichen Experimenten bereits im 19. Jahrhundert seit den 1980er-Jahren gezielt zur Bestäubung von Tomatenpflanzen und anderen Gemüsearten wie Paprika in Treibhäusern eingesetzt, indem ganze Nester dorthin verpflanzt werden. Als „Exportschlager" in viele Länder gelang es entwichenen Tieren, sich in Südamerika invasiv auszubreiten und auch Tasmanien und Neuseeland, wo es keine natürlich vorkommenden Hummeln gibt, zu erobern. Sie verdrängen dort einheimische Bestäuber und verändern die heimische Flora.

GROSSE ERDHUMMEL

Die 22 mm (Königin) bzw. 17 mm (Arbeiterinnen) erreichende Große Erdhummel (Bombus magnus) hat ebenfalls die Farbverteilung der anderen Arten, nur sind ihre Querstreifen orangegelb und breiter; auch besiedelt sie die gleichen Habitate inklusive Gärten und nistet

Große Erdhummeln

unterirdisch in Mäusenestern. Sie bevorzugt Schwarznesseln, Hauhecheln, Robinien, Kleesorten und Weidenkätzchen. Trotz ihrer Völker mit bis zu 300 Tieren ist sie bei uns stark gefährdet.

HELLGELBE ERDHUMMEL

Die bis 21 mm (Königin) bzw. 16 mm (Arbeiterinnen) große Helle oder Hellgelbe Erdhummel (Bombus lucorum) hat eine Farbverteilung wie die dunkle Schwesterart, doch sind die Querbinden auf Thorax und 2. Tergit zitronengelb, wobei der Thoraxstreifen später grauweiß wird. Sie lebt an Waldrändern und Böschungen, auf Brachland, Wiesen, Weiden, in Parks und Gärten und besucht ebenfalls viele Pflanzen. Sie nistet unterirdisch in Kleintiernestern oder oberirdisch in Kraut- und Moosschichten. Auch ihre Völker sind mit 100 bis 400, mitunter bis 500 Tieren recht groß.

KRYPTARUM-ERDHUMMEL

Die bis 20 mm (Königin) bzw. 16 mm (Arbeiterinnen) große Kryptarum-Erdhummel (Bombus cryptarum) hat wiederum die gleiche Farbverteilung, doch sind ihre Querbinden goldgelb und schmal. Sie lebt in Heiden, Wiesen und Weiden, Parks und Gärten und häufig an Weg- und Straßenrändern. Sie besucht eine Vielzahl von Pflanzenarten und nistet meist unterirdisch, aber auch in Baumhöhlen und Vogelnistkästen. Mit 70 bis 150 Tieren bildet sie für Erdhummeln kleine Völker.

Hellgelbe Erdhummel

Kryptarum-Erdhummel

Manche Forscher betrachten die vier genannten Arten nicht als eigenständig, sondern als „Terrestris-Lucorum-Komplex“, benannt nach der Dunklen und der Hellen Erdhummel, dem alle vier Arten als unterscheidbare Ausprägungen angehören.

Mit Pollen einer Wildblume bedeckte Hummel

2.4 HUMMELN ALS BESTÄUBER

Die Bestäubungsleistung der Hummeln ist wie die anderer Wildbienen enorm und liegt über der von Honigbienen. Hummeln und Wildbienen sind bis zu 18 Stunden am Tag unterwegs. Sie besuchen und bestäuben dabei 2000 bis 4000 Blüten.

HUMMELN UNTERWEGS

Da Hummeln anders als Honigbienen keine größeren Vorräte anlegen, müssen sie zur Versorgung der Brut öfter und länger fliegen und bei fast jedem Wetter. Sie sind im Jahr früher unterwegs; durch ihren Pelz und Wärmekonservierung können Königinnen bereits bei 3 °C, Arbeiterinnen bei 8 °C fliegen, Honigbienen dagegen erst ab 15 °C. Hummeln fliegen auch bei kräftigen Windstärken bis zu 70 km/h. Dadurch sammeln sie bis zu zwölfmal mehr Nektar als Honigbienen, allerdings immer nur für sich und ihre Brut.

DIE BESTÄUBUNG

Als relativ schwere Fluginsekten müssen Hummeln viel Nektar auch zum Eigenbedarf aufnehmen. Die Arten mit langem Rüssel können an vielen Blüten mit tiefen Kelchen saugen und sie bestäuben, die anderen Bienenarten unzugänglich bleiben; so werden Taubnesseln ausschließlich von Hummeln bestäubt. Kurzrüsselige Arten beißen Blüten oft an der Seite auf, um an den Nektar zu gelangen („Nektarraub"). Zur Versorgung ihrer Brut müssen sie auch Pollen aufnehmen. Dazu beißen sie sich an der Blüte fest und vibrieren mit ihren Flügeln, womit sie die Pollen herausschütteln und mit der Bauchseite Blütenstaub aufnehmen. Pollen und Staub streifen sie im Flug in ihre Pollenhöschen an den Hinterbeinen, denn auch Hummeln gehören zu den Körbchensammlern. Durch die Vibration liegt die Chance einer erfolgreichen Bestäubung der Pflanze höher als bei vielen anderen Bienenarten.

POLLENSTORER UND POCKETMAKER

Die meisten Hummelarten lagern neben dem Nektar auch Pollen zur Fütterung der Brut im Nest. Arten mit kurzen Rüsseln wie die Erdhummeln lagern den Pollen in nicht mehr benötigten Brutwaben (Pollentönnchen) und legen in ihrer Nähe neue Brutzellen an; sie werden Pollenstorer („Blütenstaub-Aufbewahrer") genannt. Arten mit langen Rüsseln wie Garten- und Ackerhummel legen für den Pollen um die Brutzellen herum eigene Taschen an und werden deshalb Pocketmaker („Taschenhersteller") genannt.

HUMMELN IN DER LANDWIRTSCHAFT

Die Chancen einer gezielten Nutzung der Bestäubungsleistung von Hummeln wurden in den letzten Jahrzehnten erkannt. Sie werden heute nicht nur für sämtliche Obstsorten eingesetzt, sondern auch bei Ackerbohnen, Erbsen, Wicken und Rotklee sowie im Freien und in Gewächshäusern bei Erdbeeren, Auberginen, Melonen, Gurken, Karotten und Kohl. Einige als Viehfutter genutzte Pflanzenarten bestäuben Hummeln deutlich häufiger als Honigbienen; laut Untersuchungen aus Schweden werden Luzernefelder zu 1% von Honigbienen, aber zu 78% von Hummeln bestäubt.

KOMMUNIKATION IM NEST

Auch im Hummelnest herrscht Arbeitsteilung. Einige Arbeiterinnen versorgen die Brut im Nest oder betreuen die Königin („Hofdamen"), andere sind Sammlerinnen. Auch sie kommunizieren mit den Schwestern im Stock, aber nicht über eine Tanzsprache. Eine erfolgreiche Sammlerin bewegt sich bei der Rückkehr ins Nest schnell und hektisch, um Aufmerksamkeit zu erregen, und gibt die Duftstoffe der Pflanze ab. So teilt sie den anderen das Vorhandensein einer ergiebigen Futterquelle mit, aber ohne Richtung oder Entfernung. Dann fliegen doppelt so viele Arbeiterinnen aus.

Hummel in einem Gewächshaus

2.5 HILFE FÜR HUMMELN IM GARTEN

Wie bei den meisten Wildbienen wird die Vielfalt des Lebensraums und der Pflanzenarten, auf die Hummeln wegen des erhöhten Nektarbedarfs besonders angewiesen sind, stetig eingeschränkt. Den erdnistenden Arten droht eine fortschreitende Planierung ihrer Bruthabitate.

GÄRTEN FÜR HUMMELN

Was für Bienen zutrifft, gilt für Hummeln in besonderem Maße: Sie brauchen einen wilden Garten oder große wilde Ecken, in denen eine Vielzahl von Trachtpflanzen wachsen. Obwohl sie gern Blüten mit großen Kelchen anfliegen, nützen ihnen ertragreiche heimische Pflanzenarten deutlich mehr als prächtige, oft überzüchtete und wenig nektarreiche Exoten. Darüber hinaus brauchen sie Wildpflanzen mehr als reine Zierpflanzen, doch gibt es darunter viele, die auch farblich im Garten imponieren, sowie Obstbäume, Beerensträucher und Wildstauden. Da Hummeln lange im Jahr fliegen, sollten früh- und spätblühende Pflanzen in einem ausgewogenen Verhältnis stehen.

ERDNESTER UND TROCKENMAUERN

Bei guten Bedingungen nisten auch Erdhöhlen bewohnende Arten gern in Gärten, allerdings nicht in kurz geschnittenen Rasenflächen und in versiegelten, stark mit Pflanzendünger behandelten oder ständig umgegrabenen Beeten. Ein Hummelnest im Beet braucht

Hummeln fliegen rote Blüten an

Hummelnest in einer Höhlung

Beruhigung, auch sollten Sie alte Mäuselöcher und -gänge bestehen lassen, da sie von vielen Arten bezogen werden. Nicht selten nisten sie in Rasenflächen, wenn dort Kleesorten und Löwenzahn stehenbleiben dürfen. Auch Mäuerchen zur Einfassung sollten als unversiegelte Trockenmauern aus Bruchsteinen angelegt werden. Nicht nur die Steinhummel nistet gern in natürlichen Zwischenräumen und Höhlungen.

HUMMELFREUNDLICHE TRACHTPFLANZEN

Hummeln besuchen und bestäuben eine Vielzahl von Pflanzen, doch gelten einige als besonders hummelfreundlich. Unter den Bäumen sind es alle Obstbäume, besonders Apfel, Birne, Pflaume und Süßkirsche, sowie Kastanie, Weiden, Winter- und Sommerlinde. Bei Sträuchern, Büschen und Hecken sind es sämtliche Beerensträucher wie Himbeere und Brombeere, Johannisbeere und Stachelbeere, darüber hinaus Schlehe, Weißdorn, Rote Heckenkirsche, Mehl- und Schneebeere, Vogelbeere, Heckenrose und Wicken.

WILDPFLANZEN IM HEIMISCHEN GARTEN

Gern fliegen Hummeln in Gemüse- und Kräutergärten Ackerbohne und Ackersenf, Bärlauch, Borretsch, Beinwell, Laucharten, Lavendel und Quendel (Wildthymian) an. Unter den unzähligen Wild- und Gartenpflanzen stehen Distelarten, Eisenhut, Fetthennen, Lupinen, Minzen, Sonnenblumen, Schwarz- und Taubnesseln sowie auf der Wiese Kleesorten und Löwenzahn hoch im Kurs, darüber hinaus u. a. Akelei, Dost, Fingerhut, Geißblatt, Glockenblumen, Herbstzeitlose, Kardengewächse, Kletten, Kornblumen, Lilienarten, Mohn, Platterbse, Wiesensalbei und Zieste.

BLÜTENSTETIGKEIT

Da Hummeln sehr blütenstet sind und auf einem Flug selten mehr als zwei Pflanzenarten anfliegen, die sich als ergiebig erwiesen haben, sollten Sie die Tiere nicht durch zu viele Trachtpflanzen in geringer Zahl überfordern, zumal die einjährigen Hummeln die Techniken der Nektar- und Pollenentnahme an den Pflanzenarten erst erlernen müssen. Größere angepflanzte Mengen von einzelnen Trachtpflanzen kommen den Hummeln entgegen.

Hummelnistkasten mit Einflugloch

HUMMELKÄSTEN

Zunehmende Intensivierung der Landwirtschaft, Monokulturen und Flächenversiegelung führten dazu, dass Hummeln inzwischen häufig hummelfreundliche Gärten zum Nisten aufsuchen. Mit Nisthilfen können Hobbygärtner und Hummelfreunde ihnen leicht helfen.

NISTKASTEN

Einige Firmen und Hummelexperten, die auch im Internet zu finden sind, haben sich auf das Fertigen von Hummelkästen aus Holz oder Holzbeton spezialisiert, die artgerecht konstruiert und teilweise im Erdboden versenkt sind. Von anderen ökologisch bewussten Anbietern lassen sich biologisches Streu, unbehandelte Polsterwolle oder Sägespäne zur Auskleidung der Kästen beziehen.

Wichtig ist der Standort des Kastens. Er sollte eher windgeschützt und niemals in der prallen Sonne stehen, da das Volk sonst im Innern den Hitzetod stirbt, auch sind Ameisensperren und Abdichtungen gegen Wachsmotten erforderlich.

EIGENBAU

Viele Hummelfreunde veröffentlichen Bauanleitungen für den Eigenbau eines Kastens aus Holzbrettern. Die Netzseite bombus.de etwa schlägt einen 40 x 40 x 40 cm großen Holzkasten mit angeschrägtem, mit Dachpappe verkleidetem, abnehmbarem Dach zum Ablaufen von Regen und Schnee

vor. In die Mitte des Kastens wird das 2 cm große Einflugloch gesägt und davor ein Vorbau zum Landen und für eventuelle Zufütterung angebracht.
In den Holzkasten wird ein mit Kleintierstreu gefüllter Pappkarton gestellt und in diesen wiederum ein kleinerer, nach unten offener Pappkarton (23 x 23 x 23 cm), dessen Boden ebenfalls mit Kleintierstreu gefüllt ist, auf das unbehandelte Polsterwolle gebreitet wird. So wird ein Auskühlen des Nestes verhindert. Durch beide Kartons muss ein Laufgang (Röhre) zum Flugloch gelegt werden. Holzkasten und Pappkartons müssen zur Belüftung mit 30 bis 50 ca. 2 mm breiten Luftlöchern versehen werden.

HUMMELARTEN

Zur Ansiedlung in Kästen empfehlen sich vor allem Arten, die wie Garten-, Gras-, Acker-, Stein- und Baumhummel oberirdisch nisten. Gerade die besonders friedliche Ackerhummel gilt als ideale Nistkastenbewohnerin, die mit Zufütterung bis in den Oktober oder November lebt. Mit erdnahen Kästen können Sie auch erdnistende Arten zur Ansiedlung bringen.

ANSIEDLUNG

Im Frühjahr gilt es, die Hummelköniginnen auf Nistplatzsuche zur Ansiedlung zu „überreden". Am besten geschieht es von selbst. Sie können aber Königinnen auch im Flug oder auf Ortserkundung sanft fangen und behutsam in den Nistkasten einsetzen. Dabei können Sie für kurze Zeit den Eingang mit Moos verschließen, damit sie sich im Kasten umsehen und orientieren kann und nicht gleich wieder auf das Licht zusteuert. Wenn sie beim Herauskommen wieder wegfliegt, müssen Sie es akzeptieren. Startet sie aber zum Orientierungsflug, um die Gegend nach Trachtpflanzen zu erkunden, hat die Ansiedlung wahrscheinlich geklappt und sie werden sie öfter in Ihrem Garten sehen. Keinesfalls dürfen Sie Hummelköniginnen auf Blüten fangen, da sie bereits ein Nest gefunden haben und Futter eintragen!

Hummeln stechen eher selten.

2.6 GEFAHREN, HUMMELSTERBEN

Hummeln drohen in Bezug auf Lebensraum und Nahrungsangebot die gleichen Gefahren wie Wild- und Honigbienen. Doch müssen einige hummelspezifische Risiken zusätzlich beachtet werden.

NISTRÄUME

Sowohl oberirdisch wie unterirdisch nistenden Arten drohen Gefahren für ihre Nist- und Brutplätze. Das rabiate Formschneiden von Hecken und Buschwerk im öffentlichen Raum oder in Gärten nimmt oft keine Rücksicht auf dort nistende Arten. Die zahlreichen in Wiesen, Böschungen und Hängen hausenden Arten sind sehr oft von früh durchgeführter Mahd und intensivierter landwirtschaftlicher Nutzung betroffen, und den an Weg- und Straßenrändern nistenden Arten drohen Planierungen, Straßenerweiterung oder Verfüllung mit Schotter.

WACHSMOTTEN

Als Hauptschädling der Hummelvölker gelten einige Arten der Wachsmotten, die auch zur Gefahr für Bienenstöcke werden können, so die Große und Kleine Wachsmotte, vor allem aber die Hummelnestmotte oder Hummelwachsmotte (*Aphornia sociella*). Die Falter werden vom Wachsduft angelockt und legen ihre Eier in Hummelnester. Die schlüpfenden Maden ernähren sich vom Wachs befruchteter Zellen, einige Arten fressen auch Eier und Brut der Hummeln. Da sie den Nestgeruch annehmen, werden sie nicht als Feinde erkannt und können Hummelvölker stark schädigen.
Im Hummelkasten lassen sich die Maden mit der Pinzette herausklauben oder mit chemischen Präparaten, die für Hummeln harmlos sind, bekämpfen bzw. das Hummelvolk umsetzen. Der Einbau von Klappen am Flugloch, für die es gute

Hummelnestmotte

Bauanleitungen im Internet gibt, verhindert das Eindringen der schädlichen Falter.

ÜBERTRAGUNG DURCH HONIGBIENEN

Wie andere Wildbienen werden auch Hummeln von blutsaugenden Milben, nicht jedoch direkt von der Varroamilbe befallen. Doch unter zwei Viruserkrankungen, für deren Übertragung die Varroamilbe als Hauptverdächtige gilt, leiden auch Hummeln: unter dem Flügeldeformationsvirus (DWV) und der Nosemose. Dazu laufen Forschungen vor allem in Großbritannien, doch wird angenommen, dass die Erkrankungen durch Kontakt der Hummeln mit infizierten Honigbienen übertragen werden können.

NEONICS

Neonicotinoide schädigen Hummeln in der gleichen Weise wie Honigbienen. Der Verlust der Fähigkeit, zum Nest zurückzufinden, wirkt sich bei den im Frühjahr Nektar und Pollen sammelnden Königinnen besonders verheerend aus, da ganze Völker nicht zustande kommen. Experimente in den Jahren 2016 /17 ergaben, dass bestimmte Neonics die Zahl eierlegender Königinnen um mindestens ein Viertel (26%) verringern.

Verendetes Hummelvolk

HUMMELSTERBEN

Viele Gartenfreunde finden oft eine Vielzahl toter oder sterbender Hummeln unter Linden, besonders unter Silberlinden. Lange galt die für Hummeln unverträgliche Zuckerart Mannose als Ursache, die jedoch in Lindenblüten nicht enthalten ist. Wahrscheinich sind die Tiere verhungert. An Linden bedienen sich viele Nahrungskonkurrenten, sodass die Hummeln wohl zu wenig Nahrung fanden und durch ihren hohen Energiebedarf zu geschwächt waren, um andere Nahrungspflanzen anzufliegen.

2.7 SCHWEBFLIEGEN

Es ist weithin unbekannt, aber die zweitwichtigsten heimischen Pflanzenbestäuber nach den Bienen und Hummeln sind die Schwebfliegen. Von den weltweit etwa 6000 Arten leben rund 450 in Deutschland.

Hainschwebfliege

MERKMALE

Schwebfliegen (Syrphidae) sind in Aussehen, Form und Farbe sehr unterschiedlich; am bekanntesten sind die schlanken Arten mit langem, dünnem und keilförmigem Hinterleib mit vier Segmenten, doch gibt es auch gedrungen gebaute. Zahlreiche Arten imitieren die gestreiften Färbungen von Wespen, Bienen und Hummeln (Mimikry); sie sind jedoch alle harmlos und können nicht stechen. Ihr Kopf hat die großen Facettenaugen der Fliegen, die bei den Männchen oft vorn zusammenstoßen.

Auffälligstes Merkmal ist ihr Schwirrflug mit bis zu 300 Hertz Flügelschlagsequenz, der sie wie Kolibris in der Luft stehen und aus dieser Position abrupt in alle Richtungen fliegen lässt. Sie sind Zweiflügler mit einem vorderen Flügelpaar; das hintere hat sich zu Schwingkölbchen umgebildet.

BESTÄUBUNG UND WANDERVERHALTEN

Schwebfliegen ernähren sich ausschließlich von Nektar, den sie mit ihren Mundwerkzeugen lecken, sowie Pollen, dessen Körner sie zerbeißen. Ihn übertragen sie mit ihren feinen Körperhärchen auf andere Blüten und leisten so einen wichtigen Beitrag zur Pflanzenbestäubung.

Zahlreiche heimische Arten ziehen im Herbst wie Zugvögel in den Süden. Sie überwintern in Südeuropa und im Mittelmeerraum, wobei sie in geringer Höhe und nur bei Gegenwind fliegen und günstige Winde geschickt zu nutzen wissen; im Frühjahr kehren sie zurück.

EIABLAGE UND LARVEN

Schwebfliegen legen ihre Eier in feuchter Erde, Holzmulm, in Ameisen- und Bienennestern (wo die Larven keinen Schaden anrichten), in Pfützen, Schlamm, Dung, in oder auf Blättern und Pflanzenstengeln; je nach Lebensraum haben auch ihre Larven eine völlig unterschiedliche Gestalt. Bei etwa 100 heimischen Arten leben die raupenähnlichen Larven auf Pflanzen von Blattläusen. Die Blattlaus vertilgenden Larven sind besondere Gartennützliche, die bis zu ihrer Verpuppung jeweils rund 100 Blattläuse aussaugen.

HAINSCHWEBFLIEGE UND MISTBIENE

Die bis 12 mm große, langgestreckte Hainschwebfliege (Episyrphus balteatus), Insekt des Jahres 2004, ahmt mit ihrem schwarzgelb gestreiften Hinterleib mit zwei weißen Querstreifen eine Wespe nach und ist ein eifriger Blütenbestäuber; nicht selten sind bis zu zehn Tiere auf einer Doldenblüte zu finden. Die Larven, die sich aus den gezielt in Blattlauskolonien gelegten Eiern entwickeln, sind ebenso fleißige Blattlausfresser.
Die bis 18 mm große Mistbiene oder Keilfleckschwebfliege (Eristalix tenax) ist dunkelbraun mit keilförmigen gelben oder ockerfarbenen Flecken auf dem Hinterleib. Sie verlässt sich auf ihre Bienenwarntracht und zeigt kaum Fluchtreflexe. Ihre Eier legt sie in Jauchegruben oder den Schlamm von Tümpelrändern. Ihre 20 mm großen Rattenschwanzlarven besitzen ein Atemrohr. Beide gehören zu den häufigeren Arten und fliegen im Herbst in den Süden.

HILFE IM GARTEN

Auch Schwebfliegen lieben verwilderte, artenreiche Gärten mit Trinkmöglichkeiten. Bei der Nahrungspflanzenwahl orientieren sie sich optisch und bevorzugen gelbe Blüten. Schwebfliegen sind ausgesprochen erkundungsfreudig und verirren sich gern in Wohnungen, wo ihr Rückflug an Fensterscheiben scheitert. Weil sie sehr schnell verdursten, solllen Sie Ihnen hinaushelfen.

Mistbiene (Keilfleckschwebfliege)

3 VÖGEL

Die Vögel bilden die artenreichste Klasse der Landwirbeltiere mit etwa 10 700 rezenten Arten weltweit, von denen etwa 300 in Deutschland leben und zwischen 220 und 240 auch hier brüten. Nach den Säugetieren sind sie die bekannteste und am besten erforschte Tierklasse.

Blaumeise am Futtersack

MERKMALE

Vögel haben Flügel, zu denen sie die beiden vorderen Extremitäten ausgebildet haben, ein Federkleid aus Keratin, das der Flugfähigkeit, Flugsteuerung und Wärmeregulierung dient und regelmäßig erneuert wird (Mauser) sowie einen Schnabel ohne echte Zähne aus Hornscheide. Fast alle Vögel können fliegen; flugunfähig sind u. a. Strauße, Emus und Nandus, Pinguine und Kiwis.

Das Skelett der Vögel ist wegen ihrer Hohlknochen besonders leicht und macht nur 8 bis 9% ihrer Körpermasse aus, bei Säugetieren sind es dagegen bis 30%. Vögel haben mit etwa 42 °C die höchste konstante Körpertemperatur aller Tiere und eine hohe Herzfrequenz. Sie ist umso höher, je kleiner der Vogel ist. Beim Menschen beträgt sie 50 bis 100 Schläge pro Minute, bei der Krähe bis 340 und beim Haussperling sogar bis 900 Schläge. Die Lunge der Vögel mit Luftsäcken ist recht kompliziert aufgebaut.

SINNE UND INTELLIGENZ

Vor allem der Sehsinn ist bei Vögeln durch stark vergrößerte Hirnareale für optische Reize besonders gut ausgeprägt; sie können mehr Bilder pro Sekunde unterscheiden, viele Arten sehen UV-Licht und haben differenziertere Farbrezeptoren. Durch die seitlich am Kopf sitzenden Augen haben die meisten Arten einen Rundumblick; das ausgleichende Kopfwippen beim Gehen verhindert, dass sich das Bild auf der Netzhaut bewegt. Gut ausgeprägt ist auch das Gehör. Zugvögel besitzen einen eigenen Sinn für das Magnetfeld der Erde, der in den Augen sitzt oder durch Einlagerung magnetischer Teilchen im Schnabel aktiviert wird.

Die Intelligenz der Vögel wurde bis in die 1990er-Jahre stark unterschätzt, weil die Hirnareale der Vögel mit den entsprechenden der Säugetiere verglichen wurden. Bei Intelligenztests schneiden Sperlingsvögel, besonders Rabenvögel, und Papageienvögel am besten ab.

Buchfink im Flug

FORTPFLANZUNG UND NESTLINGSVERHALTEN

Alle Vögel legen Eier, keine Art ist lebendgebärend. Das Weibchen lagert nach der Paarung im Eileiter Dotter und Embryo, Eiklar, Eihaut und schließlich die harte Kalkschale an, die jedoch für die Atmung des Embryos durchlässig ist. Die verschiedenfarbigen Eier werden in unterschiedlichen Nestformen vom Weibchen oder beiden Eltern bebrütet sowie mit Brust- und Bauchgefieder gewärmt. Bei den Nestlingen sind zu unterscheiden:

- Nesthocker, die nackt und blind zur Welt kommen, auf Wärme und Fütterung durch die Eltern angewiesen sind und das Nest erst mit der Flugfähigkeit verlassen. Zu ihnen zählen alle Singvögel, Tauben, Störche, Greifvögel, Segler und Spechte.
- Nestflüchter, die bereits Daunen haben und sofort Nahrung aufnehmen, laufen und schwimmen können, aber noch bei der Mutter bleiben. Zu ihnen zählen Entenvögel und Kraniche.
- Platzhocker, die beim Schlüpfen voll befiedert und deren Sinne voll entwickelt sind, aber erst später flugfähig werden und gefüttert werden müssen. Zu ihnen zählen Möwen und Pinguine.

VÖGEL IM ÖKOSYSTEM

Vögel übernehmen unverzichtbare Aufgaben im Ökosystem. Die wichtigste ist wohl die gewaltige Menge an Schadinsekten, die sie vertilgen und mit denen sie ihre Jungen füttern. Ohne Vögel würden sie explosionsartig überhandnehmen. Bedeutsam ist auch die Verbreitung der Samen von Bäumen, Büschen und Beerensträuchern durch Vögel. Einige Arten verbreiten auch Steinobst, indem sie die Kerne noch keimfähig wieder ausscheiden.

Blaumeise mit Nestlingen

DIE SINGVÖGEL

Die größte Ordnung der Vögel bilden mit ca. 5700 Arten die Sperlingsvögel (Passeriformes), die sich von Wirbellosen und Pflanzensamen ernähren. Die größte Unterordnung der Sperlingsvögel stellen mit ca. 4000 Arten die Singvögel (Passeri).

Die Nachtigall, die sich in vielen heimischen Gärten findet, ist wegen ihres prächtigen Gesangs berühmt.

Schwalben beim abendlichen Flug

STIMME UND GESANG

Vögel besitzen keine Stimmbänder und bilden die Töne im unteren Kehlkopf bzw. Stimmkopf (Syrinx), wo sich die Luftröhre gabelt. Sie entstehen durch angespannte Membranen, die in Schwingung versetzt werden. Die Männchen singen kräftig, mit vorgerecktem Hals. Damit locken sie Weibchen an (Werbung) und markieren ihr Revier. Der Gesang ist vielfach komplex und ein artspezifisches Erkennungsmerkmal, enthält mehrere Motive und ist strophenartig aufgebaut.
Als Faustregel gilt: Je stärker revierverteidigend eine Art ist, desto komplexer ihr Gesang. Aggressive Reviertiere wie Amsel, Singdrossel, Nachtigall und Rotkehlchen singen daher deutlich komplexer als sozialverträgliche Sperlinge oder Schwalben.

ERLERNEN UND WIRKUNG

Bei Singvögeln ist der Gesang nicht angeboren, sondern wird von Artgenossen erlernt. Als Lernphase (Zeitfenster) gilt für die Jungvögel die Jahreszeit des ersten Hörens. Insgesamt ist der Gesang wohl ein Zusammenspiel von Genetik, Lernprozess und Umwelteinflüssen.
Der Vogelgesang gilt dem menschlichen Ohr als angenehm, munter und wohlklingend und trägt stark zum durchweg positiven Image der Singvögel bei, im Gegensatz etwa zum rauen Krächzen der Rabenvögel oder dem vielen Menschen unheimlichen Ruf der Eulen. Er führte auch dazu, dass die beliebten Singvögel über Jahrhunderte in Käfigen gehalten wurden und ihre Fähigkeit, Melodien zu erlernen, die Menschen am Hof genauso wie die im Volk ergötzte.

ZUG- UND STANDVÖGEL

Alljährlich fliegen weltweit etwa 50 Mrd. Zugvögel von ihren Brutgebieten in wärmere Winterquartiere und im Frühjahr wieder zurück, davon etwa 5 Mrd. zwischen Europa und Afrika. Die unterschiedlichen Distanzen, Routen, Winterquartiere und Ursachen des Vogelflugs sind ebenso Gegenstand eingehender Forschungen und Beobachtungen wie die Orientierung der Zugvögel nach ihrem Magnetsinn oder dem Stand der Sonne und der Sterne. Standvögel bleiben dagegen ganzjährig in ihrem Brutgebiet, z. B. Haussperling, Kohlmeise, Elster oder Waldkauz. Sie nutzen einen evolutionären Vorteil, da sie vor der Rückkehr der Zugvögel die besten Brutplätze besetzen können.

TEILZIEHER UND STRICHVÖGEL

Als Teilzieher bezeichnet man Arten, bei denen nur ein Teil der Population mit dem Vogelzug in den Süden zieht, der übrige Teil überwintert im Brutgebiet. 80% aller Vögel in Deutschland sind Teilzieher, etwa Mönchsgrasmücke, Rotkehlchen, Star, Stieglitz und Zilpzalp. Beim Buchfinken zieht nur das Weibchen in den Süden, während das Männchen in unseren Breiten verbleibt. Die globale Klimaerwärmung macht immer mehr Zugvogelarten zu Teilziehern. Dagegen sind Strichvögel oder Strichzieher Arten, die im Winter ihr Brutgebiet verlassen, aber nicht in den Süden ziehen, sondern wärmere Regionen im selben Landstrich aufsuchen oder sich in die Nähe menschlicher Siedlungen begeben. Zu ihnen zählen etwa Finkenarten und die Goldammer.

HILFE IM GARTEN

Jeder Gartenbesitzer freut sich über viele Vögel und Vogelarten im Garten. Die jeweiligen Hilfestellungen werden später bei den Arten besprochen, hier werden einige Besonderheiten zur Nahrungs- und Nistplatzunterstützung erwähnt.

Voll besetztes Vogelhäuschen

VOGELHÄUSCHEN UND VOGELFUTTER

Das Vogelhäuschen ist eine aus Holz gefertigte überdachte Futterhilfe und wird erhöht auf einem Ständer oder Pfahl angebracht. Das meist einfache Schrägdach wird mit wetterfestem Material, hauptsächlich Teerpappe, abgedeckt. Maschendraht mit kleinem Schlupfloch hält gegebenenfalls Tauben und Rabenvögel fern. Das Häuschen muss innen trocken und sauber gehalten und Vogelkot muss entfernt werden, da er Krankheiten übertragen kann. Alternativen sind Futtersilos (Röhren) mit Anflugstange. Gefüttert werden sollten Körnermisch-Streufutter, Kerne, Haferflocken, Fettfutter (Meisenknödel), Nüsse, Beeren und Obst, keinesfalls Brot oder menschliche Speisereste!

FÜR UND WIDER WINTERFÜTTERUNG

Nicht nur die ganzjährige Zufütterung ist umstritten, sondern auch die Winterfütterung selbst. Befürworter weisen darauf hin, dass die stetige Ausdehnung menschlicher Kulturlandschaften und Siedlungsräume den Lebensraum und das Nahrungsangebot für viele Vogelarten einschränkt und verknappt, eine Zufütterung zumindest im Winter ab Spätherbst daher unerlässlich sei. Skeptiker betonen, dass Vögel selbst im Winter Nahrung finden und dass die Winterfütterung die natürliche Auslese kranker und schwacher Tiere verhindere. Auch bekommen Standvögel gegenüber den zurückkehrenden Zugvögeln weitere Nahrungsvorteile.
Ein Kompromiss ist die Zufütterung allein in besonders harten oder schneereichen Wintern; Gartenbesitzer können auch abgeblühte Stauden stehen lassen, damit die Vögel im Winter letzte Samen oder Insekten in Winterstarre finden können.

NISTKÄSTEN

Nistkästen sind Nist- und Bruthilfen für Höhlen- und Nischenbrüter, die den Bedürfnissen der Art angepasst sein müssen. Durch kleine Bruträume und Einfluglöcher werden größere Arten ausgeschlossen und Bruthöhlen u. a. für Sperlinge, Meisen, Fliegenschnäpper und Kleiber geschaffen. Sie müssen ebenfalls innen trocken und sauber gehalten werden, die Vögel dürfen beim Brüten und Füttern nicht gestört werden. Problematischer sind nach vorn offene „Halbhöhlen" für lichtliebende Nischenbrüter wie Rotkehlchen, Hausrotschwanz, Grauschnäpper und Bachstelze, da sie im Garten sehr oft Nesträubern zum Opfer fallen. Tunnel- und Röhrenbrüter wie Baumläufer, Wasseramsel, Mauersegler und Eulen brauchen Kästen mit sehr langen Eingangsbereichen.

Oben links: Star im Winter
Oben rechts: Katze auf der Lauer

NESTRÄUBER

Die größte Gefahr droht brütenden Vögeln im Garten von den rund 13 Mio. Hauskatzen in Deutschland, von denen viele in Gärten frei laufen. Daher sind auch Vogelhäuschen stets von Büschen und Bäumen entfernt aufzustellen, um ein Überspringen der Katze zu verhindern. Bäume mit Nestern oder Brutkästen sollten mit metallenen Katzenabwehrgürteln mit Strahlenkranz versehen werden. Bereits das Schleichen von Katzen im Garten bedeutet für brütende Vögel höchsten Stress. Sie fliegen ihr Nest oder ihren Kasten dann nur auf Umwegen an, um nicht auf die Brut aufmerksam zu machen, und füttern unregelmäßig.
Äußerst geschickte Nest- und Bruträuber sind zudem alle Marderarten. Auch Eichhörnchen, Greif- und Rabenvögel plündern Vogelnester.

3.1 AMMERN

Die Ammern sind eine Familie (Emberizidae) und eine Gattung (Emberiza) von Vögeln mit etwa 40 Arten, die mit den Finken nahe verwandt sind und früher als Finkenuntergattung galten. Sie stammen wohl aus der Neuen Welt und kamen über die Beringstraße nach Eurasien.

Grauammer

MERKMALE

Ammern sind kleine bis mittelgroße Vögel mit einem kräftigen, konischen und spitz zulaufenden Schnabel. Sie sind eher unscheinbar gezeichnet, auf der Oberseite überwiegen Brauntöne mit dunklen Strichen und Zeichnungen, die Unterseite ist heller. Sie leben an lichten Waldrändern und im buschreichen Grasland, dringen aber auch in Landwirtschaftsflächen, Dörfer und Stadtränder vor; die meisten Arten benötigen eine bis 20 m hohe Singwarte in unmittelbarer Nähe. Sie fressen in Frühjahr und Sommer vorwiegend Insekten, Raupen und Spinnentiere, ab Spätsommer Sämereien, Beeren und Früchte. Die Arten sind je nach Standort Teil-, Kurzstrecken- oder Mittelstreckenzieher.

Oben: Ammernnest mit Eiern, unten: Ortolan (Gartenammer)

Zippammer, benannt nach ihrem Ruf

BRUTVERHALTEN

Die meisten heimischen Ammern sind Bodenbrüter und errichten ihr Nest aus Halmen, Gräsern und Moosen in Bodenmulden, andere legen ihre Nester kurz über dem Boden in Sträuchern an.

Ammern bilden zumeist monogame Brutehen; die Weibchen legen zwischen drei und sechs meist weißgraue Eier mit dunklen Flecken, Stricheln und Schnörkeln und brüten zwischen 10 und 14 Tagen; die Nestlinge sind nach 10 bis 15 Tagen flügge, werden aber weitere 14 Tage gefüttert.

KURZPORTRÄTS

Der etwa 17 cm große Ortolan mit langen, schmalen Flügeln hat eine braune Oberseite, einen graugrünen Kopf und eine gelbe Kehle; das Weibchen ist matter gezeichnet. Der komplexe Gesang ist regional verschieden ausgeprägt. Er liebt Weinberge und Streuobstwiesen und zieht im Winter nach Afrika nördlich der Sahelzone. In Deutschland leben mehr als 10 000 Brutpaare.

HEIMISCHE AMMERN	
Goldammer	Weidenammer
Grauammer	Zaunammer
Ortolan (Gartenammer)	Zippammer
Rohrammer	Zwergammer

)ie kräftige, bis 19 cm große ;rauammer ist in Brauntönen nit schwarzbraunen Strichen uf der Oberseite und weißcher Brust mit dunkleren tricheln gefärbt. Sie frisst 'or allem Samen von Gräsern, (räutern und Stauden, seltener nsekten. Ihr Bestand ist in den neisten Gebieten Deutschlands leutlich rückläufig.
)ie ca. 17 cm große, nach ihrem :rregungsruf benannte Zippmmer ist ein eifriger Sänger ınd hat eine kastanienbraune)berseite und zimtbraune Jnterseite. Kopf, Kehle und 'orderbrust sind blaugrau mit chwarzem Scheitel und Streien. Sie lebt ebenfalls in Weinergen und Streuobstwiesen ınd fehlt in Norddeutschland.
)ie 16 cm große Zaunammer hnelt Sperling und Goldmmer, hat jedoch einen livfarbenen Bürzel und das Aännchen im Prachtkleid eine chwarzgelbe Kopfzeichnung. ie kommt nur im südlichen)eutschland vor. Weidenamner und Zwergammer leben in kandinavien bis Sibirien und assen sich auf dem Winterzug 'or allem auf Helgoland blicken.

HILFE IM GARTEN

:ur Ansiedlung von Ammern raucht es große, sehr gehölzınd buschreiche Gärten mit ichter Bodenvegetation, vor llem aber des Erhalts von treuobstwiesen. Im Winter chauen sie auf dem Flug an ffenen Futterplätzen vorbei, vo sie Sämereien, Sonnenblunenkerne sowie Beeren und eschnittenes Obst nehmen, ber vorwiegend am Boden.

Oben: Zaunammer, unten: Rohrammer im Winter

IM FOKUS: **GOLDAMMER**

Die etwa 16 cm große Goldammer (Emberiza citrinella) ist an ihrem gelben Gefieder mit braunen Streifen und Säumen zu erkennen, Kopf und Brust des Männchens sind leuchtend gelb gefärbt, weshalb der Vogel auch Bauernkanari heißt.

Das Weibchen hat ein schlichteres Kleid. Ursprünglich ein Waldsteppenbewohner, lebt die Goldammer heute in abwechslungsreichen, offenen Landschaften mit Hecken, Sträuchern und Obstbäumen und hält sich auch am Rand menschlicher Siedlungen und Dörfer in Saumbiotopen auf. Mit Sperlingen und Finken sucht sie gern in Trupps Stoppelfelder ab.

VORSICHTIGER KULTURFOLGER

Im Winter besucht die Goldammer auch Gärten auf der Suche nach Insekten, Sämereien und Körnern, nimmt Futter aber nur vom Boden. Sie ist nicht menschenscheu, meidet aber die Nähe des Menschen zur Brutzeit und ist in unseren Breiten ein Standvogel.

BRUT UND GESANG

Goldammern brüten am Boden oder in Bodennähe und bauen napfförmige Nester. Die Weibchen legen drei bis fünf weiße Eier mit dunklen Kritzeln und brüten bis zu 14 Tage; ebenso lange brauchen auch die Jungen zur Selbstständigkeit. Geschätzt wird der kräftige, melodische und glockenhelle Gesang „zizizizizi-düüüh" der Goldammer, der schon Komponisten inspirierte und im Volksmund als „Wie, wie, wie hab ich dich lieeeeb" gedeutet wird, während die Briten prosaischer „little bit of bread and no cheese" hören. Das Männchen singt bis in den Spätsommer hinein von einem erhöhten Platz im Revier aus, der Singwarte. In Deutschland leben etwa 2 Mio. Brutpaare.

Leuchtend goldenes Federkleid

Oben: Goldammern am winterlichen Futterstand, unten: Fütterung eines Jungvogels

IM FOKUS: **ROHRAMMER**

Die etwa 15 cm große Rohrammer (Emberiza schoeniclus) ist in Deutschland ein Teilzieher, die nördlichen Populationen ziehen in den Mittelmeerraum.

Rohrammer in ihrem Element

Das Weibchen ist cremefarben und dunkelbraun gestreift, das Männchen hat im Prachtkleid einen schwarzen Kopf mit weißen Backenstreifen, weißem Nacken und braunschwarz gestreiftem Rücken. Die Füße haben kräftige Krallen, das Männchen singt in kurzen Strophen oder Trillern. Neben Insekten, Larven und Spinnen fressen Rohrammern auch junge Triebe und Knospen.

ROHRSPATZ SCHIMPFT

Den volkstümlichen Namen Rohrspatz erhielt sie wegen ihres lauten, etwas monotonen Gesangs, der oft erregt klingt. Von ihm leitet sich die Redewendung „schimpfen wie ein Rohrspatz" her.

FEUCHTGEBIET UND FELD

Die Rohrammer ist ein sehr seltener Gast im heimischen Garten, da sie als Lebensraum meist Feuchtgebiete mit Schilfbewuchs und kleinen Büschen zum Nestbau bevorzugt, wo sich der Vogel im Frühjahr recht gut beobachten lässt.
Das napfförmige Nest wird gut verborgen in Bodennähe errichtet. Sie brütet ein- bis

Schimpfen wie ein Rohrspatz

zweimal im Jahr und legt vier bis sechs bräunliche Eier, die 14 Tage bebrütet werden; die Jungen brauchen noch weitere 14 Tage zum Flüggewerden. Bei Gefahr locken die Elterntiere Feinde von ihrem Brutplatz weg, indem sie eine Flügelverletzung vortäuschen.

Flussbegradigungen und Trockenlegungen bedrohen den Lebensraum der Rohrammer. Sie hat sich der modernen Felderwirtschaft angepasst, brütet heute auch in Raps- sowie Kornfeldern und sucht im Herbst stoppelige Maisfelder ab.

Eier der Rohrammer

Bachstelze mit typischer Federzeichnung

3.2 BACHSTELZE

Die Bachstelze (Motacilla alba) ist die bei uns häufigste und bekannteste Vertreterin aus der Familie der Stelzen und Pieper. Sie ist sowohl an ihrem kontrastreichen Federkleid als auch an ihrem wippenden Gang unverwechselbar zu erkennen.

MERKMALE

Bei der schlanken, hochbeinigen Bachstelze entfallen von etwa 18 cm Gesamtlänge gut die Hälfte auf den beständig wippenden langen Schwanz. Das Männchen zeigt im Brutkleid einen schwarz und weiß gefärbten Kopf mit glänzend schwarzem Kinn. Kehle, Vorderbrust und Schwanz sind ebenfalls schwarz, das Rückengefieder ist schiefergrau. Das Weibchen ähnelt dem Männchen, doch wirken die Farben ausgebleichter. Im Schlichtkleid vertauschen beide die Schwarzfärbung am Kopf mit einem Grau.

Die Bachstelze bewegt sich häufig kräftig ausschreitend oder laufend am Boden mit rhythmischen Kopfbewegungen und Schwanzwippen. Sie fliegt in bogenförmigen Auf- und Abwärtsbewegungen.

RUF UND LEBENSRAUM

Der häufigste Ruf der Bachstelze ist ein hohes zi-lipp oder dschi-witt, das die Männchen als Kontaktruf und während der Brutzeit zur Reviermarkierung einsetzen, doch können sie auch zwitschern, geben aber insgesamt nicht oft Laute von sich. Die Bachstelze besiedelt ursprünglich offene und halboffene Landschaften in Gewässernähe sowie Flussufer, ist aber heute auch auf Weiden und Äckern oder an Bau- und Kiesgruben anzutreffen. Sie meidet dichte Wälder und eng bebaute Stadtkerne.

NAHRUNG

Die Bachstelze frisst nahezu ausschließlich tierische Nahrung wie Mücken, Fliegen und Käfer, aber auch Schnecken. Die Nahrung muss freiliegend sein, fliegende Insekten werden auch im Flug erbeutet. Dabei sucht sie nicht nur an Uferbereichen, sondern auch auf gemähten Äckern und kurz geschnittenen Rasenflächen größerer Gärten. Überwinternde Tiere gehen auch in Scheunen, Schuppen und Ställen auf Insektensuche.

Hungrige Bachstelzennestlinge

ZUG- UND BRUTVERHALTEN

Die meisten Bachstelzen Mitteleuropas ziehen im Herbst nach Südwesteuropa sowie Oberafrika und kehren Mitte März zurück. Sie sind brutorttreu, das Männchen erhebt von erhöhter Warte aus seinen Revierruf und kämpft mit Rivalen. Die Balz erfolgt ausgiebig.
Bachstelzen sind Nischenbrüter und benötigen Brutplätze, die einen guten Überblick über die Umgebung ermöglichen. Das napfförmige Nest wird ausgekleidet, es werden gern Vorjahresnester oder verlassene Schwalbennester genutzt. Das Weibchen legt fünf bis sechs ovale, hellgraue Eier mit dunkelgrauen Sprenkeln und brütet die meiste Zeit, das Männchen brütet ein Viertel der Zeit. Beide Elterntiere füttern die Jungen; in Mitteleuropa sind zwei Bruten im Jahr die Regel.

HILFE IM GARTEN

Da Bachstelzen als Kulturfolger gern in Dörfern und an Stadträndern brüten, finden sie Nistplätze in Mauernischen, Dachgebälk, unter Dachziegeln, auf Fensterbänken oder in Holz- und Reisighaufen. Sie können ihnen auch halboffene Nistkästen (Halbhöhlen) anbieten, müssen aber Fressfeinde wie Hauskatzen im Auge behalten.

Bachstelze mit Insektenbeute

3.3 BAUMLÄUFER

Die Vogelfamilie der Baumläufer (Certhiidae) unterteilt sich in die beiden Gattungen der Eigentlichen Baumläufer (Certhia) mit neun Arten, zu denen auch die beiden bei uns lebenden zählen, und der Stammsteiger mit zwei Arten.

Gartenbaumläufer

MERKMALE

Baumläufer sind klein und wirken mit ihrem kaum abgesetzten Kopf rundlich. Der lange, dünne Pinzettschnabel ist leicht nach unten gebogen, das Rückengefieder beider Geschlechter ist bräunlich rindenartig gefleckt und auf Baumstämmen gut getarnt, die Unterseite heller bis weißlich. Der lange Stützschwanz mit steifen Federn ermöglicht ein flinkes Aufwärtsklettern.
Mit ruckartigen Bewegungen laufen sie in Spiralform die Stämme vor allem dickborkiger Bäume hoch, um in den Spalten oder unter der Rinde Insekten, Gliederfüßer, Raupen und Larven aufzupicken, und fliegen nach dem Abgrasen zum nächsten Baum. Im Gegensatz zum Kleiber können sie nicht kopfüber abwärts laufen. Ihren Schlafplatz finden Baumläufer in Rindenmulden, die sie mit dem Schnabel vergrößern, im Winter auch zu mehreren.

KURZPORTRÄTS

In Deutschland leben der Waldbaumläufer (Certhia familiaris, 13 cm Größe) und der Gartenbaumläufer (Certhia brachydactyla, 12 cm), die sich stark ähneln und beide Standvögel sind.
Der Waldbaumläufer bewohnt Nadel- und Mischwälder, hat eine längere Hinterkrallenzehe und einen kurzstrophigen Gesang mit leisen Pfeiftönen, ähnlich der Blaumeise. Der Gartenbaumläufer besiedelt Laubbäume mit zerfurchter Rinde wie Eichen, Eschen und Ulmen, bevorzugt im Gegensatz zum Waldbaumläufer aber auch Parks, Feldgehölze, Holzstöße, Streuobstwiesen und Gärten mit altem Obstbaumbestand. Sein Gesang mit hoher Pfeifstrophe ist kürzer, kräftiger und melodischer als der des Waldbaumläufers, im Winter nimmt er auch angebotene Sämereien.

BRUTVERHALTEN

Baumläufer sind Höhlenbrüter und bauen in Baumspalten und hinter loser, abstehender Rinde ihr napfförmiges Nest aus Halmen, Fasern und Federn. Die Weibchen beider Arten legen fünf bis acht spindelförmige weiße Eier mit rostroten oder braunen Sprenkeln und brüten 13 bis 15 Tage. Die Jungvögel verlassen das Nest nach 14 bis 15 Tagen, werden aber noch eine Zeit von den Alttieren betreut.

HILFE IM GARTEN

Vor allem dem faszinierend zu beobachtenden Gartenbaumläufer kann man als Nisthilfe in Gärten mit grobborkigen Bäumen einen Schlitzkasten mit einem Schlitz oben an der Rückwand als Schlupfloch, in das er direkt hineinlaufen kann, anbieten oder einen Vogelkasten mit seitlich am Baum gelegenem Einflugloch, der ohne Rückwand direkt am Baum angebracht wird. Er wird manchmal auch von der Blaumeise bezogen.

Oben: Nestlinge des Gartenbaumläufers, unten: Waldbaumläufer

Schar von Drosseln

3.4 DROSSELN

Zur Vogelfamilie der Drosseln (Turdidae) gehören 21 Gattungen mit rund 172 Arten. Die bei uns lebenden zählen zu den 80 Arten der Echten Drosseln (Turdus), die einige unserer bekanntesten Singvögel stellen. Drosseln sind nahe mit den Fliegenschnäppern verwandt.

MERKMALE

Die heimischen Arten sind mittelgroße Vögel mit über 20 cm Länge. In ihrem eher schmucklosen Obergefieder herrschen Grau- und Brauntöne vor und bis auf die Amsel und Ringdrossel sind beide Geschlechter gleich gefärbt. Bei nahezu allen Arten weist das hellere Brustgefieder dunkle, dreiecksartige Flecken auf, die Drosselzeichnung genannt werden. Sie besitzen relativ lange Beine und große Augen und bewegen sich häufig hüpfend am Boden.

Drosseln fressen neben Sämereien, Würmern, Insekten und Larven Obst und vor allem Beeren, deren Kerne sie unverdaut ausscheiden und so zu ihrer Verbreitung beitragen. Drosseln schlagen Bänderschnecken an Steinen, den „Drosselschmieden“ auf, um an das Innere zu gelangen; die Schalenreste sind im Garten zu finden. Die meisten Drosselarten in Deutschland sind Zugvögel oder Teilzieher.

BRUTVERHALTEN

Drosseln sind Freibrüter und legen ihre napfförmigen Nester getarnt in höheren Sträuchern und Bäumen an, nicht selten in Gärten. Im Stadtbereich verbauen sie in ihren Nestern neben Zweigen, Laub und Moos oft Plastikmüll wie Strohhalme,

kleine Tüten oder für Jungvögel nicht ungefährliche Schnüre. Die Paarung erfolgt nach Balz und Revierkämpfen der Männchen. Die Weibchen der Drosselarten legen zwischen drei und sechs Eiern und bebrüten sie 14 Tage, die Nestlingszeit dauert noch einmal 14 bis 15 Tage; meist hudert nur das Weibchen, doch füttern beide Eltern.

HEIMISCHE DROSSELN	
Amsel	Rotdrossel
Misteldrossel	Singdrossel
Ringdrossel	Wacholderdrossel

KURZPORTRÄTS

Die größte heimische Art ist die 27 cm große Misteldrossel mit graubraunem Deckgefieder und weißlicher Unterseite mit runden schwarzen Flecken. Sie brütet eigentlich bevorzugt in Nadelwäldern, inzwischen aber auch in städtischen Parks, Alleen und Gärten mit altem Baumbestand. Ihr Gesang erinnert

Misteldrossel, die größte Art

an den der Amsel. In Deutschland leben schätzungsweise bis zu etwa 500 000 Brutpaare.
Die 23 cm große Singdrossel mit bräunlicher Oberseite und rahmfarbener Unterseite mit pfeilspitzenartigen Flecken singt sehr melodiös, auch am Abend und in der Nacht. Bis 1,9 Mio. Brutpaare leben in Deutschland.
Bei der 24 cm großen Ringdrossel zeigt das Männchen eine schwarze Färbung mit heller Brust, das Weibchen ein braunes Gefieder mit dunkler Brust. Sie bewohnt lichte Wälder und brütet ausschließlich in Höhenlagen.

Oben: Singdrossel, unten: Ringdrossel

Oben: Singende Rotdrossel
Unten: Wacholderdrossel mit Obst

Die 21 cm große Rotdrossel mit weißem Bartstreif am Kopf, rostroten Flanken und Achselfedern und verwaschenen Brustflecken lebt in Skandinavien und Nordosteuropa. Auf ihrem Zug im Winter gastiert sie in Deutschland, brütet bei uns aber selten.

HILFE IM GARTEN

Während die Amsel ganzjährig im Garten ist, sind andere Arten nur Wintergäste, die meisten in Trupps. Wegen ihrer Größe haben einige Probleme mit dem Vogelhäuschen und bevorzugen frei ausgelegtes Futter. Mehr als Vogelfutter lieben sie frisches Obst, etwa aufgeschnittene Äpfel oder Trauben, und sind dankbar für hängen gelassene Strauchbeeren.

IM FOKUS: **AMSEL**

Die bis zu 27 cm große Amsel oder Schwarzdrossel (Turdus merula) gehört zu den bekanntesten Singvögeln. Neben der Misteldrossel ist sie die größte heimische Art.

Die Amsel singt auch im Regen.

Das Männchen ist an seinem schwarzen Federkleid sowie gelbem Schnabel und Augenringen gut zu erkennen, das Weibchen ist olivbraun mit hellerer, oft gesprenkelter Unterseite.

SÄNGERIN IM REGEN

Der melodiöse Reviergesang der Männchen beginnt im Morgengrauen, die Strophen werden vielfach wiederholt. Die Amsel singt oft auch bei Regen und trübem Wetter und sucht ihren Schlafplatz in dichten Hecken oft mit vielen Artgenossen auf.

KULTURFOLGERIN UND GARTENVOGEL

In mitteleuropäischen Breiten ist die Amsel ein Standvogel und wurde als klassischer Kulturfolger seit 150 Jahren vom Wald- zum Gartenvogel, der alle Kulturlandschaften wie Parks, Heiden, Gärten und Streuobstwiesen besiedelt; kaum ein Vogel ist ganzjährig stärker im Garten präsent als die Amsel. Sie brütet ebenfalls sowohl in Bäumen und Sträuchern als auch am Boden.

Sie ist ein flexibler Allesfresser und nimmt alle Arten von Insekten und Würmern, Gehäuseschnecken, kleine Lurche, Aas, Beeren und Obst, plündert aber auch die Nester kleinerer Vogelarten und stellt sich im Winter ganz selbstverständlich und wenig wählerisch am Futterplatz ein, liebt aber besonders aufgeschnittene Früchte.

In Deutschland ist die Amsel mit bis zu 8,2 Mio. Brutpaaren der dritthäufigste Brutvogel nach dem Haussperling und dem Buchfink mit bis zu drei Bruten im Jahr und seit 2010 besonders stark vom tödlichen Usutuvirus betroffen, das daher auch als „Amselsterben" bezeichnet wird.

Oben: Amselnest mit charakteristischen blauen, gesprenkelten Eiern, unten: Männchen mit Nestlingen

IM FOKUS: **WACHOLDERDROSSEL**

Die in früheren Zeiten nach ihrer Lieblingsspeise Wacholderbeeren auch Krammetsvogel genannte, rund 25 cm große Wacholderdrossel (Turdus pilaris) ist die farbigste der heimischen Drosselarten.

Oben: Wacholderdrossel im Landeanflug, unten: Elternvogel mit hungrigen Küken im Baumnest

Sie hat einen rötlich braunen Rücken und Oberflügeldecken, einen grauen Kopf und Hals sowie gefleckte Flanken und bei beiden Geschlechtern eine weiße Unterseite.

EIN BUNTER, ABER RAUER SÄNGER

Ihr wenig melodischer, oft im Flug vorgetragener Gesang ist krächzend und wirkt quietschend oder klingelnd, Zugvögel rufen im Flug ihr raues „Schack, schack, schack". Die Wachol-

derdrossel siedelt in Mitteleuropa an Waldrändern und in halboffenen Landschaften, aber auch in Parks und Gärten und dehnt ihr Areal in den letzten 200 Jahren stetig nach Westen aus; ihr Bestand nimmt daher in Deutschland zu.
Sie brütet in kleinen Kolonien und verteidigt ihr Nest auf Bäumen und hohen Sträuchern vehement mit Angriffen und Kotspritzen gegen Feinde aller Art. In unseren Breiten ist sie ein sog. Kurzstreckenzieher; sie überwintert in Südwesteuropa sowie im Mittelmeerraum, ist aber bereits im Februar wieder in mitteleuropäischen Regionen.

GAST IM GARTEN

Die Wacholderdrossel frisst Würmer, Insekten, Beeren, Früchte und besonders gern Fallobst. Deshalb freut sie sich als Wintergast in heimischen Gärten, wo sie oft in größeren Gruppen Zwischenstation einlegt, über dort ausgelegte Obststücke. Sie können den Vögeln helfen, indem Sie Rosinen und überreife Apfelstücke an Bäumen und Sträuchern auslegen oder auf Äste spießen.
Nicht selten fallen im Winter ganze Scharen von Wacholderdrosseln aus Skandinavien und Osteuropa kommend in Gärten ein und machen sich über die letzten, hängen gelassenen Beeren her. Bis 430 000 Brutpaare leben in Deutschland.

Schar von Wacholderdrosseln auf ihrem Flug in den Süden

3.5 EULEN

Zur Ordnung der Eulen (Strigiformes) zählen etwa 200 Arten auf allen Kontinenten mit den Familien der Schleiereulen (Tydonidae) und der Eigentlichen Eulen (Strigidae). Sie begleiten die Kulturgeschichte in Sagen, Märchen, Aberglauben, Darstellungen und als Wappentier.

MERKMALE

Nur die deutsche Sprache unterscheidet zwischen Eulen und Käuzen. Eulen sind unverwechselbar durch ihre gedrungene Gestalt, den rundlichen Kopf und die nach vorn gerichteten parallel stehenden großen Augen. Zur besseren Ortung ihrer Beute besitzen sie einen Schall verstärkenden Gesichtsschleier oder Pinselohren. Mit ihren kräftigen Krallen halten sie ihre Beutetiere fest. Die meisten Eulen ruhen am Tag, werden erst in der Dämmerung sowie in der Nacht aktiv und erbeuten als lautlose Flieger vor allem Kleinsäuger wie Mäuse, Spitzmäuse, Kaninchen und Hörnchen, aber auch kleine Vögel, Reptilien, Amphibien, Käfer und Aas; Uhus schlagen sogar junge Rehe, Wildschweine und Dachse.

BRUTVERHALTEN

Die Männchen der meisten Arten stoßen durchdringende Balzrufe aus, die gut zu hören sind. Mit Ausnahme der Sumpfohreule bauen Eulen keine Nester, sondern brüten in Baumhöhlen. Die Anzahl der Eier hängt von Umweltfaktoren und Nahrungsangebot ab. Eulenweibchen legen ihre Eier in gut zwei Tagen Abstand und brüten ab dem ersten Ei. Die Küken sind daher unterschiedlich groß, was den Jüngsten zum Verhängnis werden kann. Beide Eltern suchen Nahrung und füttern.
Je nach Art dauert es ein bis zwei Monate, bis die Nestlinge flügge werden. Sie klettern aber früher als Ästlinge geschickt in der Umgebung des Nestes.

Eier der Sumpfohreule

KURZPORTRÄTS

Alle zehn Eulenarten brüten in Deutschland und erhalten von Naturschutzverbänden sowie Vogelinitiativen ausgiebige Brut- und Ansiedlungshilfen. So konnten sich auch die Bestände des fast ausgerotteten Uhus wieder erholen, der mit bis zu 75 cm Länge die größte Eulenart überhaupt ist und an Steilhängen und Felswänden brütet.

HEIMISCHE EULEN	
Habichtskauz	Sumpfohreule
Raufußkauz	Uhu
Schleiereule	Waldkauz
Sperlingskauz	Waldohreule
Steinkauz	Zwergohreule

Habichtskauz, Sumpfohreule und Zwergohreule kommen in Deutschland nur selten vor.
In der Balz deutlich zu hören ist der in Rindenfarbe gut getarnte Waldkauz mit seinem etwas unheimlichen Hu-huuuuh-Ruf. Die bis 42 cm große Eule mit Gesichtsschleier und großen Knopfaugen brütet in Misch- und Nadelwäldern, auch in Parks, Gärten, Mauerlöchern,

Wachsamer Blick des Uhus

Dächern und Nisthilfen. Das Männchen ist ein äußerst tapferer Verteidiger seiner Brut, der auch größere Eindringlinge entschlossen angreift.
Der Streuobstwiesen und Grünland liebende, nur 23 cm große Steinkauz, das Wappentier Athens und der Göttin Athena, brütet in Baumhöhlen, nimmt aber auch Nisthöhlen in Scheunen und Hausspeichern an. Man hilft ihm mit dem Erhalt von Streuobstwiesen und Kopfbäumen. Bietet man ihm Steinkauzröhren an Bäumen an, müssen die Bäume unten mit einem breiten Blechring als Marderschutz versehen werden. Allen Eulenarten drohen große Gefahren durch den wachsenden Straßenverkehr sowie Weidezäune und Stacheldraht.

Uhu, die größte Eulenart, im Beuteflug

Habichtskauz, der hierzulande recht selten ist

Waldkauz, dessen Ruf für manche Menschen unheimlich klingt

Junge Steinkäuze mit Beute

IM FOKUS: SCHLEIEREULE UND WALDOHREULE

Die beiden Eulenarten kommen hierzulande häufig vor, die Waldohreule auch öfter in Gärten, wo sie brütet und nachts auf die Jagd geht.

SCHLEIEREULE

Die auf der Oberseite goldbraune und auf der Unterseite ungefleckt weiße Schleiereule (Tyto alba) mit ihrem charakteristisch herzförmigen Gesichtsschleier und eher kleinen Augen wird bis 35 cm groß.

CHARAKTERKOPF AUF MÄUSEJAGD

Sie jagt in der Dämmerung auf regelmäßigen Flugrouten vor allem Wühl- und Spitzmäuse. Sie brütet innerhalb menschlicher Siedlungen, gern in dörflichen Kirchtürmen und einzeln stehenden Scheunen, wo sie als nützlicher Schädlingsvertilger bei Landwirten wohl gelitten ist, nimmt aber auch Nisthilfen an. Auch die Schleiereule startet Scheinangriffe, wenn man sich während der Brutzeit ihrem Nest nähert. Der Erhalt von Bauerngärten mit entsprechenden Kleintieren fördert diese Art ebenso wie das Gewährleisten von Einfluglöchern in Scheunen, Ställen, Schuppen oder altem Gemäuer. In Deutschland brüten bis 17 000 Paare. Zwar geht ihr natürlicher Lebensraum durch intensive Landwirtschaft und Verstädterung weiter zurück, doch gilt ihr Bestand auf längere Sicht als noch nicht besonders gefährdet.

Schleiereule, am herzförmigen Gesichtsschleier gut zu erkennen

WALDOHREULE

Die am häufigsten in Gärten brütende Art ist die etwa 36 cm große Waldohreule (Asio otus) mit hellbraun gestricheltem Gefieder, Gesichtsschleier und großen Pinselohren.

PINSELOHR IN DER NÄHE DES MENSCHEN

Sie lebt in Nadelwäldern, an Waldrändern und in aufgelockerten Landschaften, brütet aber auch in Tannen und dichten, hohen Hecken in Gärten in alten Krähen- und Elsternestern. Bemerkt wird sie meist zunächst durch Gewölleballen am Fuß des Brutbaums. Später gehen die jungen Ästlinge in Baum und Garten auf Erkundungsjagd und lassen sich beobachten, wenn man gebührenden Abstand hält. Das auch nächtliche fiepende Betteln der Jungen um Futter ist allerdings nicht jedermanns Freude. Als Teilzieher fliegen Waldohreulen in den wärmeren Südwesten, im Winter halten sie sich oft nahe menschlicher Siedlungen auf.

BESTANDSENTWICKLUNG

In Deutschland leben nach Schätzungen etwa 32 000 Brutpaare. Bestandsrückgänge sind vor allem auf die intensivere Nutzung landwirtschaftlicher Flächen zurückzuführen. Insgesamt wird die Waldohreule von der Weltnaturschutzunion (IUCN) jedoch als nicht gefährdet eingestuft.

Waldohreule, in Gärten brütend

3.6 FINKEN

Die Finken (Fringillidae) bilden eine große Vogelfamilie mit 34 rezenten Gattungen und etwa 186 Arten, zu denen im Weiteren auch Ammern, Sperlinge und Zeisige zählen. Viele heimische Arten gehören zu den häufigsten Gartenvögeln.

MERKMALE

Finken sind eher kleine, meist schlanke Vögel mit dem auffallend kräftigen kegelförmigen oder konischen Schnabel der Körnerfresser und meist gegabeltem Schwanzende. Die Färbung ist sehr unterschiedlich, von eher einfarbigen Arten bis zu solchen mit sehr bunten Farbpartien. Auch ihr Gesangsrepertoire ist je nach Art sehr verschieden, von komplexen Melodien, dem „Finkenschlag", bis zu kurzem Gesang.

Die meisten Finkenarten sind sozial verträglich und gehen auch gemeinsam auf Futtersuche. Auch sind viele in unseren Breiten Standvögel oder allenfalls Teilzieher. Neben dem Sammeln von Insekten, Spinnen und Würmern für die Jungvögel fressen alle Finkenarten ausgiebig Sämereien von Pflanzen, Wildkräutern und Bäumen sowie Beeren und Obst, Knospen und Nüsse; der Kernbeißer knackt mit seinem kräftigen Schnabel sogar die harten Kerne von Steinobst.

Finkenschar (Bluthänflinge)

Von links: Distelfink, Bergfink und Kernbeißer

HEIMISCHE FINKEN	
Bergfink	Girlitz
Berghänfling	Grünfink
Bluthänfling	Karmingimpel
Buchfink	Kernbeißer
Dompfaff	Stieglitz/Distelfink
Fichtenkreuzschnabel	

BRUTVERHALTEN

Als Freibrüter bauen die meisten Finkenarten ihre napfförmigen Nester in Sträuchern und dichten Hecken, manche auch auf Bäumen. Die Weibchen legen zwischen drei und sechs Eiern, was auch vom jeweiligen Nahrungsangebot in der Umgebung abhängt, und brüten rund 14 Tage. Die Nestlinge brauchen im Schnitt weitere 13 bis 14 Tage bis zur Selbstständigkeit, bei Dompfaff und Girlitz kann es 15 bis 17 Tage dauern.

KURZPORTRÄTS

Der 15 cm große Grünfink mit seinem auffallend grünen Gefieder und gelben Streifen an Flügel- und Schwanzseiten beim Männchen und graubraunem Weibchen, dem auch die Jungvögel ähneln, ist ein reiner Pflanzenfresser. Im Winter sucht er oft in größeren Trupps die heimischen Gärten auf.
Der ursprünglich im Mittelmeerraum beheimatete Girlitz ist mit nur 12 cm die kleinste heimische Finkenart. Er ist aus offenen Landschaften gekommen und zum Kulturfolger geworden. Das Girlitzmännchen hat ein gelbes Gefieder mit dunklen Streifen, das Weibchen ist blasser.
Der 15 cm große Bergfink mit schwarzem Kopf, Rücken und Schwanz sowie orangefarbener Brust und Schulter brütet in Skandinavien und ist der einzige Zugvogel unter den einheimischen Finken, der im Winter gern bei uns Station macht und in zahlreichen Parks und Gärten anzutreffen ist.
Der 14 cm große Bluthänfling mit hellgrauem Kopf sowie blutroter Stirn und Brust brütet in Kolonien und bevorzugt Heckenlandschaften, brütet aber auch am Randstreifen großer Wiesen, weshalb man beim Mähen auf ihn achten muss.

Oben: Grünfinken
Mitte: Girlitzmännchen
Unten: Bergfink

Der ziegelrote Fichtenkreuzschnabel mit seinem gekreuzten Schnabel zum Herausholen von Nadelbaumsamen lässt sich nur selten blicken.
Der Kernbeißer, mit 18 cm der größte heimische Fink, ist an seinem großen Kegelschnabel zu erkennen und trägt ein braunes und beiges Gefieder mit rotbraunem Kopf. Er brütet auch in größeren Gärten und kann im Winter als „Finkenkönig" am Futterplatz recht dominant auftreten. Skandinavische und osteuropäische Brutvögel ziehen im Winter teilweise nach Mitteleuropa.

HILFE IM GARTEN

Fast alle Finkenarten gehören zu den klassischen Besuchern des aufgestellten Vogelhäuschens. Neben üblichem Körnerfutter benötigen sie ölhaltige Samen wie Sonnenblumenkerne und freuen sich über geschnittenes Obst und auch Beeren, die an Stauden hängengelassen werden. Finken lieben die Frischwassertränke und baden im Sommer gern.
Bei Aufräumarbeiten sollten Sie stets an Vögel denken. In Totholz und anderen abgestorbenen Pflanzenteilen überwintern zahlreiche Insektenarten, die den Vögeln als wertvolle Nahrungsquellen dienen.

Oben: Fichtenkreuzschnabel
Mitte: Kernbeißer
Unten: Bluthänfling

Der Buchfink ist in Mitteleuropa die zweithäufigste Brutvogelart.

IM FOKUS: **BUCHFINK**

Der farbenfrohe und lebhafte, bis zu 18 cm große Buchfink (Fringilla coelebs) gehört mit dem Bergfinken zu den heimischen Edelfinken.

Der Buchfink ist einer unserer beliebtesten und mit 9 bis 11 Mio. Brutpaaren der zweithäufigste Brutvogel in Deutschland. Das Männchen ist an den Kopfseiten und der Unterseite weinrot, an Hals, Oberkopf und Nacken auffallend graublau und zeigt ein lebhaftes Rückengefieder; das Weibchen ist auf der Oberseite oliv-, auf der Unterseite hellgrau.

WALDVOGEL WIRD KULTURFOLGER

Sein ursprüngliches Habitat der Wälder und dichten Hecken hat er mehr und mehr verlassen und sich in Parks, Alleen und Gärten mit Baumbestand ausgebreitet, wo er regelmäßig und ganzjährig zu sehen ist. Er verfügt über ein beachtliches, schmetternd vorgetragenes Gesangsrepertoire, das ihn früher zum beliebten Käfigvogel machte, und singt laut und klar. Da die Weibchen als Teilzieher öfter und weiter fliegen als die Männchen, überwintern bei uns mehr Männchen.

HÄUFIGER GAST IM HEIMISCHEN GARTEN

Bei uns brütet der Buchfink ab Ende März, häufig auch in

Gärten mit Obstbäumen, und errichtet sein dickwandiges Nest aus Zweigen und Moos in Sträuchern und Bäumen in einer Astgabel. Das Weibchen legt vier bis sechs weißliche bis hellbraune, dunkel gesprenkelte Eier und brütet 13 bis 14 Tage. Die Nestlinge werden nach 14 bis 18 Tagen flügge. Buchfinken suchen mit raschem Trippelschritt und nickenden Kopfbewegungen ihre Nahrung vorwiegend am Boden. Im Winter sind sie bei uns häufig am Vogelhäuschen zu sehen und nehmen alle Arten von Sämereien, Körner, kleine Nüsse und Beeren. Seinen lateinischen Beinamen (coelebs: ehelos) hat er erhalten, weil in Deutschland vor allem die Männchen überwintern.

An aufgestellten Futterplätzen bedient sich der Buchfink gern.

Fütterung der „Schreihälse" im Nest des Buchfinks

IM FOKUS: **DOMPFAFF**

Der bis 19 cm große Dompfaff oder Gimpel (Pyrhula pyrhula) ist kompakter als andere Finkenarten und erfreut sich großer Bekanntheit.

Dompfaff oder Gimpel, der Beeren bevorzugt

Das schmucke Männchen zeigt leuchtend rote Wangen, Brust Flanken und Oberbauch sowie eine graublaue Oberseite mit weißen Flügelbinden, schwarzem Kopf und weißem Bürzel. Das Weibchen ist auf der Oberseite bräunlich grau, auf der Unterseite hellgrau bis leicht rosa. Seine Fähigkeit, Melodien zu lernen und die Tatsache, dass er leicht zu fangen ist, woher sich der Name Gimpel für einen Einfaltspinsel herleitet, machten ihn früher zum beliebten Käfigvogel. Sein natürliches Gesangsrepertoire ist dagegen nicht besonders imposant.

GEFÄHRLICHE PARTNERSUCHE

Der Dompfaff brütet in lichten Nadel- und Mischwäldern sowie in Parks und Gärten mit Fichtenbestand. Die erste Paarbildung kann für das Männchen lebensgefährlich enden, wenn es nicht angemessen reagiert, da es dann vom Weibchen brutal attackiert wird.
Gebrütet wird in Fichten oder dichtem Gebüsch. Das Weibchen legt vier bis sechs hellblaue Eier mit dunklen Tupfen und brütet 13 bis 14 Tage, die Jungen sind erst nach 35 Tagen selbstständig.

BEERENFREUND

Gimpel sind keine Reviervögel und fressen neben Insekten vor allem Samen von Bäumen, insbesondere Fichte und Birke, und Wildkräutern, später im Jahr die Knospen von Obstbäumen und Beeren. Der wenig scheue Dompfaff ist im Winter ein häufiger Gast am Vogelhaus; Vogelfreunde helfen ihm besonders, indem sie verblühte Blumen stehen lassen und Stauden mit Beeren nicht komplett herunterschneiden. Da seine Bestände in unseren Breiten stabil sind, gilt die quirlige Art als nicht gefährdet.

Oben: Dompfaffmännchen im Winter im Vogelhäuschen, unten: Eier des Dompfaffs

IM FOKUS: **STIEGLITZ**

Der bis 13 cm große Stieglitz oder Distelfink (Carduelis carduelis) ist mit seinem weißen Kopf, der kräftig roten Gesichtsmaske, dem schwarzen Nacken und Oberkopf sowie den von den schwarzen Flügeln deutlich abgesetzten gelben Flügelstreifen bei zimtbraunem Rücken unverwechselbar.

Die Geschlechter sind ähnlich gefärbt, doch hat das Weibchen weniger kräftige Farben. Auch der Stieglitz besitzt ein breites Stimmrepertoire mit Erregungs- und Aggressionsruf.

SPEZIALIST FÜR DISTELN UND WILDKRÄUTER

Der Stieglitz frisst fast ausschließlich reife und halbreife Sämereien von Stauden und Bäumen sowie von nachgewiesen 152 Wildkräutern. Er bevorzugt Distelarten, wobei er geschickt am Stängel klettert. Als Nahrungsopportunist ist er auch immer stärker in Dörfer und Städte eingewandert, rund 60% des Bestandes lebt heute im menschlichen Siedlungsraum.

Dem Balzgesang des Männchens geht eine mehrwöchige Einübungsphase voraus. Stieglitze errichten ihre kleinen, napfförmigen Nester in Baumkronen oder auf hohen Sträuchern mit Umblick. Das Weibchen legt meist fünf gesprenkelte Eier und brütet 12 bis 14 Tage, die Jungvögel werden erst mit 28 bis 30 Tagen selbstständig. Der Stieglitz bildet kleine Schlafgemeinschaften, auch mit anderen Finkenarten.

Stieglitz mit prächtiger Färbung

AUFENTHALT IN NATURNAHEN GÄRTEN

Der Stieglitz lässt sich zum Brüten gern in naturnahen Gärten in ländlicher Umgebung, Obstgärten und auf Streuobstwiesen sehen. Im Winter sucht er auf Brachflächen oder in Nadelbäumen nach Futter. Bei Hochschnee zieht er in südlichere Regionen oder stellt sich am Vogelhäuschen, auch auf Balkonen, ein, wo er wie alle Finken Körner, Sämereien, Nüsse und Beeren nimmt.

Rechts: Brut im Baumnest
Unten: Futterplatz im Garten

3.7 FLIEGENSCHNÄPPER

Die Familie der Fliegenschnäpper (Muscicapidae) ist eng mit den Drosseln verwandt und wurde ihnen früher als Unterart zugeordnet. Die Schnäpper, zu denen mehrere Unterfamilien wie die Schmätzer zählen, teilen sich in 32 Gattungen mit rund 400 Arten. Sie kommen auf dem amerikanischen Kontinent nicht vor.

MERKMALE

Fliegenschnäpper sind allein in der Alten Welt (Europa, Afrika, Asien) beheimatet. Die meisten Arten sitzen als Wartejäger auf Astspitzen und Leitungen, um sich von erhöhter Warte auf Insekten im Flug zu stürzen. Alle europäischen Arten sind Zugvögel, viele davon Langstreckenzieher, die in Afrika südlich der Sahara überwintern; andere wie der Hausrotschwanz sind Kurzstreckenzieher in den Mittelmeerraum. Sie leben in Laub- und Nadelwäldern und an Waldrändern, suchen aber Parks, Streuobstwiesen und Gärten auch zum Brüten auf. Neben Insekten aller Art, Spinnentieren und Sämereien fressen sie im Herbst auch Beeren.

Fliegenschnäpperart Hausrotschwanz beim ausgiebigen Baden

BRUTVERHALTEN

Die meisten Fliegenschnäpper sind Höhlenbrüter, andere wie der Hausrotschwanz Nischenbrüter; einige Arten wie Schwarzkehlchen, Nachtigall und Sprosser brüten am Boden oder in unmittelbarer Bodennähe in versteckten Mulden. Als Bruthöhlen nehmen Fliegenschnäpper neben Baumhöhlen auch Gebäudenischen, Mauerlöcher und Nistkästen an. Die Weibchen kleiden das Nest mit Moosen und Federn aus, legen in der Regel fünf bis acht Eier

HEIMISCHE FLIEGENSCHNÄPPER	
Blaukehlchen	Rotkehlchen
Braunkehlchen	Schwarzkehlchen
Gartenrotschwanz	Sprosser
Grauschnäpper	Steinschmätzer
Halsbandschnäpper	Trauerschnäpper
Hausrotschwanz	Zwergschnäpper
Nachtigall	

Trauerschnäpper, in der Färbung dem Halsbandschnäpper ähnlich

und brüten 11 bis 15 Tage; die Nestlinge werden meist nach 11 bis 16 Tagen flügge.

KURZPORTRÄTS

Beim bis 15 cm großen Hausrotschwanz zeigt das Männchen orangefarbene Oberschwanzdecken und Schwanzfedern, das Weibchen ist graubraun. In seiner ursprünglichen Heimat im Gebirge ist er noch heute anzutreffen. Er besiedelt offene Landschaften und verzehrt ein breites Spektrum an Insekten. Der 13 cm große Trauerschnäpper mit etwa 350 000 Brutpaaren ist genauso groß wie der in Süddeutschland lebende Halsbandschnäpper und genau wie er in Schwarz und Weiß gefärbt. Beide Arten grasen auch im Rüttelflug Insekten von Hauswänden ab. Der Grauschnäpper mit etwa 200 000 Brutpaaren trägt ein unauffälliges Graubraun mit hellerer Brust und singt nur leise. Er ist inzwischen von den Waldrändern in menschliche Siedlungen vorgestoßen. Der nur 11 cm große Zwergschnäpper mit orangeroter Kehle brütet in unterholzreichen Laubwäldern und lebt bei uns nur in Ostdeutschland.
Das 12 cm große Schwarzkehlchen mit schwarzem Kopf, weißem Halsring und orangeroter Brust kommt im Süden und Westen vor. Das Weibchen ohne Halsband kann leicht mit dem etwas größeren Braunkehlchen verwechselt werden, das eine orangegelbe Kehle und Brust zeigt und in Deutschland gefährdet ist. Das 14 cm große Blaukehlchen im Süden und Osten Deutschlands hat eine auffällige Blaufärbung an Kehle und Vorderbrust mit rostrotem oder weißem Fleck.

HILFE IM GARTEN

Die meisten Arten nehmen regelmäßig Nisthilfen an; ihre natürlichen Habitate unterstützen Sie mit alten, höhlenreichen Bäumen, Streuobstwiesen mit liegen gelassenem Fallobst sowie Beerensträuchern. An Heckenrändern ist auf die Bodenbrüter zu achten. Die meisten Arten schauen im Winter nur als Gäste auf dem Zug am Vogelhäuschen vorbei.

Singendes Blaukehlchen

IM FOKUS: **GARTENROTSCHWANZ**

Der früher in unseren Breiten häufige, bis 14 cm große Gartenrotschwanz (Phoenicurus phoenicurus) ist inzwischen vor allem in Westdeutschland in seinem Bestand stark gefährdet, so dass Vogel- und Naturschützer Alarm schlagen.

SORGENKIND IM GARTEN

Lebten 1980 noch 450 000 Brutpaare in Deutschland, waren es 2005 nur noch 110 000 bis 160 000; heute sollen es nur noch etwa 12 000 Paare sein. Er brütet bevorzugt in lichten Wäldern, Streuobstwiesen und an Dorfrändern mit Obstbaumbestand. Mit dem Rückbau typisch dörflicher Strukturen und Pestizideinsatz wird auch der Gartenrotschwanz selten. Als Höhlenbrüter sucht er Astlöcher, Spechthöhlen und Bodenverstecke auf, nimmt aber auch Nisthilfen an, die er mit Gras, Moos und Federn auskleidet. Das Weibchen legt drei bis sieben blaue Eier und brütet 13 bis 14 Tage, die Nestlinge werden mit 12 bis 14 Tagen flügge. Auffallend ist die rostrote Unterseite des eingängig singenden Männchens und der graue Rücken und Kopf mit weißem Stirnstreifen; daher hielt man ihn früher für ein Rotkehlchen im Sommerkleid. Das braunbeigefarbene Weibchen ähnelt der Schwesternart, dem Hausrotschwanz. Der Gartenrotschwanz nimmt Spinnen, Ameisen und Insekten vom Boden oder fängt Zweiflügler aus der Luft und liebt Beeren.

Gartenrotschwanz, ein selten gewordener Gast im Garten

Gartenrotschwanz mit Beute

HILFE TUT NOT

Die heimischen Vogelschutzvereinigungen fordern deutsche Gemeinden, Gartenbesitzer und Schrebergärtner auf, dem stark gefährdeten Gartenrotschwanz mit Bruthilfen, dem Anlegen von Streuobstwiesen und dem Stehenlassen von knorrigen Bäumen mit Höhlen, Nistkästen und Singwarten zu helfen, da er in vielen Gegenden dramatische Rückgänge erleidet. Nur so kann seine Existenz hierzulande gesichert werden.

Eier des Gartenrotschwanzes

Rotkehlchen im Anflug, eine der bekanntesten und beliebtesten heimischen Vogelarten

IM FOKUS: **ROTKEHLCHEN**

Das bis zu 14 cm große, rundliche Rotkehlchen (Erithacus rubecula) gehört zu den anmutigsten und beliebtesten heimischen Singvögeln. Schon die Germanen verehrten es als Sonnenboten, im christlichen Sagenkreis gilt es als Tröster und Helfer.

Auffällig ist neben den dunklen Knopfaugen und dem dünnen Schnabel die rotorangene Färbung von Stirn, Kehle, Halsseiten und Vorderbrust bei olivbrauner Rückenfärbung. Der langstrophige und perlende Gesang kennt angeblich 275 Motive, sein Ruf in der Morgendämmerung wird als „Ticksen" oder „Schnickern" bezeichnet.

HEIMISCH GEWORDEN

Das Rotkehlchen brütet in deckungsreichen Wäldern in bodennahen Höhlungen, aber auch in Parks und Gärten mit reichem Bestand an Bäumen und Gebüsch oder in Erd- und Mauerlöchern. Das Weibchen legt, oft in zwei Jahresbruten, drei bis sieben gelbliche Eier mit rotbraunen Punkten und brütet 12 bis 14 Tage; die Nestlinge brauchen etwa 14 Tage bis zur Selbstständigkeit.

Das Rotkehlchen, von dem in Deutschland bis 3,4 Mio. Brutpaare leben, sucht am Boden Insekten, Larven, Spinnen, Würmer und Schnecken. Im Herbst frisst es Beeren und Früchte von Sträuchern und stellt sich im Winter am Vogelhäuschen ein, da es vielerorts vom Strich- zum Standvogel geworden ist.

ANSPRÜCHE IM GARTEN

Das Rotkehlchen profitiert im Garten von einer an Gehölz reichen Gestaltung durch dichten Heckenbestand mit Unterholz, dichter Krautschicht und liegen gelassenem Laub. Es nimmt auch Nistkästen an und frisst im Winter neben Sämereien und Haferflocken Fettfutter und Nussstückchen, bedient sich auch an Meisenknödel und Frischwassertränke.

Das Rotkehlchen ist ziemlich zutraulich. Es lässt Tiere und Menschen recht nah an sich heran, da sie Staub mit Beuteinsekten aufwirbeln könnten.

Oben: Rotkehlchen baden gern und ausgiebig, unten: Fütterung der Brut

IM FOKUS:
NACHTIGALL UND SPROSSER

Die bis 17 cm große Nachtigall (Luscinia megarhynchos) ist der vielleicht bekannteste Singvogel. Die „Königin der Nacht" mit ihrer rötlich braunen Oberseite und weißlich grauer Unterseite ist optisch eher unauffällig und hat eine ebenso große und etwas dunkler gefärbte nordöstliche Schwester, den Sprosser (Luscinia luscinia), der ebenfalls ein guter Sänger ist. Daher wurden beide Arten, Langstreckenzieher nach Afrika südlich der Sahara, früher massenweise als Käfigvögel gefangen.

SINGVOGEL DER DICHTER

Der vielgestaltige Gesang der Nachtigall, der bis zu 260 Strophentypen zu verschiedenen Gefühlslagen beinhaltet, inspirierte Komponisten und Dichter gleichermaßen. Auch gilt der Vogel als Frühlingsbote und Symbol der Liebenden. Die Nachtigall besiedelt lichte Laub- und Auwälder, Heckenlandschaften, Parks und Streuobstgärten, der Sprosser feuchte Laubholzstandorte. Beide Arten bauen ihre Nester versteckt im Unterwuchs von Hecken und Büschen, am Boden oder in Bodennähe. Die Weibchen legen einmal im Jahr vier bis sechs olivgraue oder -braune Eier und brüten 13 bis 14 Tage; die Nestlinge sind nach 11 Tagen selbstständig.

HILFE DURCH STREUOBST

In deutschen Breiten leben etwa 95 000 Brutpaare der Nachtigall, die in einigen Regionen wegen der Abholzung und Ausdünnung ihres Lebensraums jedoch dramatische Rückgänge erleidet. Mit dem Schutz von Auwäldern und strukturreichen Parkanlagen ist ihr am besten geholfen. In Streuobstgärten sollten Sie dichte Strauch- und Kräuterschichten belassen und Falllaub liegen lassen, damit die Nachtigall Nahrung findet.

Die Nachtigall ist für ihren variantenreichen Gesang berühmt.

Oben: Sprosser, der feuchte Laubholzregionen mag, unten: Nachtigall mit Nestlingen

Sommergoldhähnchen mit seinem markanten Scheitel

3.8 Goldhähnchen

Die Goldhähnchen werden heute als eigene Vogelfamilie (Regulidae) mit nur einer Gattung (Regulus) in sechs Arten und 28 Unterarten angesehen. Mit 8 bis 11 cm Größe und 4 bis 8 g Gewicht zählen sie zu den kleinsten Sperlings- und Singvögeln.

MERKMALE

Goldhähnchen leben nur in den gemäßigten Klimazonen der Nordhalbkugel, davon vier Arten in Eurasien. Die rundlich wirkenden Baumbewohner mit nur wenig vom Körper abgehobenem Kopf haben ein graugrünes Gefieder mit farbigen Flügelenden sowie einen kurzen, spitz zulaufenden Schnabel. Die Männchen besitzen einen farbigen, oft goldgelben, namengebenden Scheitelstreifen. Der Ruf ist so hoch, dass Menschen ihn nur in direkter Nähe wahrnehmen. Goldhähnchen leben in Laub- und Nadelbäumen und fressen vor allem Gliederfüßer und Insekten. Sie sind sehr lebhaft, da sie wegen ihres geringen Köpergewichts ständig auf Futtersuche gehen müssen und binnen Stunden verhungern können.

KURZPORTRÄTS

In deutschen Regionen leben das Sommergoldhähnchen (Regulus ignicapilla) und das Wintergoldhähnchen (Regulus regulus). Das 9 cm große Sommergoldhähnchen hat eine gelblich grüne Ober- und weißlich graue Unterseite, die Flügel haben zwei weiße Binden. Vom ähnlichen Wintergoldhähnchen kann man es durch seinen weißen Streif über den Augen unterscheiden. Der Scheitelstreifen des Männchens ist eher orange, der des Weibchens eher gelb. Es lebt in Nadel- und Mischwäldern, aber auch in städtischen Parks, und wagt

sich stärker in menschliche Siedlungen vor als das Wintergoldhähnchen. Der Gesang ähnelt dem der Meisen. Als Kurzstreckenzieher fliegen Sommergoldhähnchen im Winter nach Südeuropa und Nordafrika, im April kehren sie zurück.
Das bis 9 cm große Wintergoldhähnchen ist der kleinste europäische Vogel. Mit seinem oliv- bis gelbgrünen Gefieder und gelblich weißen Flügelbinden ähnelt es dem Sommergoldhähnchen, doch hat es einen schwarzen Überaugenstreif. Der orangefarbene Scheitelstreifen des Männchens wird zu den Enden hin gelb. Der Reviergesang ist wispernd mit einem individuellen Endtriller. Wintergoldhähnchen bewohnen Nadelwälder mit Fichtenbestand, der für sie unerlässlich ist. Sie haben sich auf das Fressen besonders kleiner Insekten- und Spinnenarten, vor allem Springschwänze, spezialisiert; größere Insekten schlagen sie gegen eine Unterlage, bis Beine und Fühler abbrechen. Wintergoldhähnchen sind Teilzieher, Populationen des Nordens ziehen nach Mittel- und Südeuropa.

BRUTVERHALTEN

Goldhähnchen errichten ihre Hängenester an der Unterseite von hängenden Zweigen oder im dichten Zweiggewirr von Fichten. Die Nester sind tief und kunstvoll; sie werden dick mit Moosen, Flechten und Spinnenseide ausgekleidet. Beide Arten legen zwischen sieben und elf weißliche Eier, die 14 bis 17 Tage bebrütet werden; die Nestlinge brauchen beim Sommergoldhähnchen etwa 16, beim Wintergoldhähnchen bis 20 Tage, um flügge zu sein.

HILFE IM GARTEN

Goldhähnchen suchen Parks und Gärten zum Brüten nur bei starkem Fichtenbestand auf. Im Winter bleiben lediglich einzelne Wintergoldhähnchen in unseren Breiten und erleiden hohe Verluste. Die Überwinterer stellen sich auch am Vogelhaus ein und nehmen winzige Futterteilchen vom Boden.

Wintergoldhähnchen

3.9 GRASMÜCKEN

Die Gattung der Grasmücken (Sylvia) gehört zur Vogelfamilie der Grasmückenartigen (Sylviidae) und umfasst 26 Arten, von denen zwölf in Europa leben. Sie sind nach ihrer vorherrschenden graubraunen Farbe benannt: „Gra-smucka" bedeutet im Althochdeutschen Grauschlüpfer.

MERKMALE

Grasmücken sind eher schmucklose Vögel, die in Mischwäldern und dichten Gebüschen leben und geschickt durch niedrige Dickichte und Krautschichten schlüpfen. Einige Arten, z. B. die Mönchsgrasmücke, kommt auch in Großstädten in baumreichen Parkanlagen und Gärten vor. Der Gesang ist laut und gut zu identifizieren. Sie ernähren sich von Insekten, Spinnentieren und Larven und nehmen ab Spätsommer auch Beeren und Früchte von Wildpflanzen.

BRUTVERHALTEN

Grasmücken brüten versteckt in dichten Büschen und Sträuchern kurz über dem Boden. Das Nest wird aus Gräsern, Moosen und Wurzeln erbaut. Die Weibchen legen vier bis fünf weiße Eier mit braunen Flecken. Beide Eltern brüten zwischen zehn und 13, bei der Mönchsgrasmücke bis 15 Tage, die Nestlinge brauchen je nach Art zwischen zehn und 14 Tagen, um flügge zu werden.

Mönchsgrasmücke am Wasser

Gartengrasmücke mit Beute

KURZPORTRÄTS

Die bekanntesten Arten Mönchsgrasmücke (Sylvia atricapilla) und Gartengrasmücke (Sylvia borin) sind Schwesterarten. Die in Mitteleuropa häufigste, bis 15 cm große Mönchsgrasmücke ist auf der Oberseite dunkel-, auf der Unterseite olivgrau mit heller Kehle und bräunlichen Flanken. Charakteristisch ist die Kopfkappe: schwarz beim Männchen, rotbraun beim Weibchen. Der Gesang besteht aus „überschlagenden" Strophen, der Erregungsruf ist ein schlagendes „Tek, tek, tek". Im Gegensatz zu anderen Arten nimmt sie ab Spätsommer neben Beeren auch Obst. Sie ist ein Kurz- oder Mittelstreckenzieher, doch überwintern immer mehr Tiere auch bei uns; in Deutschland leben bis 3,3 Mio. Brutpaare

Die bis 15 cm große, eher scheue Gartengrasmücke ist in Gärten deutlich seltener. Die Oberseite ist braungrau, die Unterseite heller. Auffallend sind die hellen Augenringe. Sie lebt in buschreichem Gelände und Feldgehölzen mit dichtem Staudenbewuchs. Die Gartengrasmücke ist ein Langstreckenzieher nach Afrika südlich der Sahara. In Deutschland leben bis 1,4 Mio. Brutpaare.

Langstreckenzieher ist auch die mit 13,5 cm kleinste heimische Art, die Klappergrasmücke mit graubrauner Oberseite sowie weißer Kehle und Unterseite, die an den grauen, abgegrenzten Ohrdecken zu erkennen ist. Sie lebt in offenen Waldgebieten, Parks und Gärten.

Die bis 15 cm große Dorngrasmücke ist nach ihrer Vorliebe für offene Landschaften mit dornigen Büschen und Sträuchern benannt. Sie hat eine graubraune Oberseite, eine weißliche Unterseite, hellbraune Flanken und schwarze Flügel mit rostbraunem Saum. Auch sie ist ein Langstreckenzieher.

HILFE IM GARTEN

Für eine Ansiedlung von Grasmücken dürfen Gärten nicht zu aufgeräumt sein und genügend Schlupfmöglichkeiten sowie frei wachsende Heckengehölze mit Früchten bieten. Die Vögel schätzen etwa Holunder- und Efeubeeren, die auch im Winter hängen bleiben sollten.

HEIMISCHE GRASMÜCKEN	
Dorngrasmücke	Klappergrasmücke
Gartengrasmücke	Mönchsgrasmücke

3.10 HECKENBRAUNELLE

Die Heckenbraunelle gehört zur Gattung der Braunellen (Prunella), der einzigen Gattung aus der Vogelfamilie der Braunellen (Prunellidae) mit 13 Arten. Fast alle Arten leben in Gebirgsregionen Eurasiens, etwa im Alpenraum die Alpenbraunelle.

MERKMALE

Die bis 15 cm große Heckenbraunelle (Prunella modularis) ist eher schlicht gefärbt und kann leicht mit dem Sperling verwechselt werden. Sie hat dunkelbraunes, schwarz gestricheltes Rücken- und Flügelgefieder mit graublauem Nacken und Kehle, Brust und Kopf sind blei- bis schiefergrau; beide Geschlechter sind gleich gefärbt.

Alle Braunellen haben einen dünnen, spitzen Schnabel und fressen vorwiegend am Boden Insekten, Larven, Raupen, Käfer und Spinnentiere, im Winter auch kleine Sämereien und Beeren, wobei sie bestimmte Pflanzen bevorzugen. Der von erhöhter Warte vorgetragene klirrend hohe Gesang der Heckenbraunelle wirkt hektisch und monoton.

Sie lebt an den Rändern von Nadel- und Mischwäldern mit Unterwuchs sowie in Parks und Gärten mit hohem Bestand an Gebüsch, hält sich aber am liebsten in Flächen mit Jungfichten auf, wo sie auch bevorzugt brütet. Heckenbraunellen sind Teilzieher in den Mittelmeerraum, werden aber

Heckenbraunelle, die dem heimischen Sperling stark ähnelt

in unseren Breiten immer mehr zum Standvogel. In Deutschland leben über 1 Mio. Brutpaare.

BRUTVERHALTEN

Da sowohl Männchen als auch Weibchen während der Brutzeit Reviere beanspruchen, kann es zu Gebietsüberschneidungen kommen und ein Weibchen zwei Männchen oder ein Männchen zwei Weibchen haben. Auch ziehen dominante Paare eines Reviers die Unterlegenen zur eigenen Brutpflege heran. Das napfförmige, mit Halmen, Moosen und Federn ausgepolsterte Nest wird im Dickicht versteckt niedrig über dem Boden, meist auf der Schattenseite eines Baumes oder Strauchs angelegt. Heckenbraunellen brüten zweimal im Jahr, wobei die erste Brut oft durch die noch spärliche Vegetation Feinden zum Opfer fällt. Das Weibchen legt drei bis sechs grünblaue Eier und brütet 13 bis 14 Tage, die Nestlinge werden nach 11 bis 14 Tagen selbstständig.

HILFE IM GARTEN

Heckenbraunellen brauchen für ihre oft heimliche und versteckte Lebensweise einen dichten, naturnahen, schützenden Busch- und Krautschichtbestand und brüten auch in dichten Efeuwänden. In harten Wintern erleiden sie hohe Einbußen und suchen Futterplätze mit Körnern auf, fressen aber fast ausschließlich vom Boden in der Nähe von Deckungen. Die scheuen Vögel sind grundsätzlich schwer zu beobachten, im Winter treibt sie der Hunger aus ihren stets gut getarnten Nist- und Wohnstätten.

Nest der Heckenbraunelle

3.11 KLEIBER

Der auch Spechtmeise genannte Kleiber gehört zur Familie der Kleiber (Sittidae) mit nur einer Gattung (Sitta) und 22 Arten. Er wurde wegen seines Nistverhaltens nach dem mittelalterlichen Beruf des Kleibers benannt, der Lehmwände hochzog.

MERKMALE

Alle Kleiber sind Klettervögel mit kräftigem spitzem, spechtartigem Hackschnabel. Die ca. 12 bis 15 cm große heimische Art (Sitta europaea) wirkt durch ihren kurzen Hals und den kaum abgesetzten Kopf kompakt. Die Oberseite ist blaugrau, die Unterseite ockerfarben. Der Kopf zeigt lange schwarze Augenstreifen sowie eine weiße Kehle und Wange. Der mehrstrophige Gesang des Vogels ist pfeifend oder rasch trillernd. Der Kleiber bewohnt Laubmischwälder, Feldgehölze, Parks und Gärten, vielfach in Gesellschaft mit Meisenarten, ist äußerst agil und geschäftig und besonders für seine flinken sowie ruckartigen Bewegungen bekannt, mit denen er Baumstämme auf und ab läuft und nach Futter in Spalten stochert. Im Gegensatz zum Baumläufer kann er sich durch seinen großen Fußapparat mühelos kopfüber nach unten bewegen, indem er leicht seitwärts läuft. Er frisst Insekten, deren Eier und Larven sowie Spinnentiere, legt Nahrungsvorräte an und klemmt größere Beute in Baumspalten, um sie mit dem Schnabel zu bearbeiten; im Herbst nimmt er auch Beeren und Baumsamen. In Deutschland leben bis 1 Mio. Brutpaare als Standvögel.

Kleiber bei der Fütterung

BRUTVERHALTEN

Kleiber brüten als Höhlenbrüter ab Ende März in einem Nest in Baum- und Spechthöhlen oder Felsritzen, die sie mit Gräsern, Moos, Federn und Rindenstücken gewissenhaft auskleiden; mehr als 7000 Polsterteile wurden schon in einer Kleiberhöhle gezählt. Um sich vor Fressfeinden zu schützen, verkleben sie den Eingang mit feuchtem, aushärtendem Lehm auf 29 bis 32 mm Durchmesser, bis nur sie selbst noch hindurch passen. Kleiber sind ausgesprochen brutplatztreu. Das Weibchen legt fünf bis neun weiße Eier mit rostbraunen Flecken und brütet 14 bis 18 Tage. Die Jungvögel werden erst mit 24 Tagen selbstständig und bis dahin von beiden Eltern im Dauereinsatz gefüttert.

HILFE IM GARTEN

Die lebhaften Kleiber sind interessant zu beobachten und nehmen Nistkästen an, deren Einschlupflöcher sie wie Baumhöhlen mit Lehm verkleinern. Im Winter stellen sie sich an Vogelhäuschen und Meisenknödeln ein, wo sie selbstbewusst bis krawallartig auftreten. Sie machen sich mit Sämereien, Nüssen, Sonnenblumenkernen und frischen Beeren davon.

Der Kleiber ist ein Akroba

Waldlaubsänger

3.12 LAUBSÄNGER

Die ursprünglich zu den Grasmückenartigen gezählte Gattung der Laubsänger (Phylloscopus) gehört heute zur 2006 neu aufgestellten Vogelfamilie der Laubsängerartigen (Phylloscopidae). Sie umfasst je nach Taxierung 66 oder 78 Arten.

MERKMALE

Die bis auf den Wanderlaubsänger ausschließlich in der Alten Welt lebenden Laubsänger sind klein und schlank, haben einen dünnen, kurzen Schnabel und einen eher kurzen, geraden Schwanz. Die recht unauffälligen Vögel sind auf der Oberseite vorwiegend braun, grün oder grünlich gelb, auf der Unterseite heller; Männchen, Weibchen und auch Jungvögel unterscheiden sich farblich kaum. Sie bewohnen lichte Laub-, Nadel- und Mischwälder, Gehölze und Parkanlagen, nisten bisweilen auch in Gärten und fressen Insekten, Larven sowie Spinnentiere, im Herbst auch Beeren. Die heimischen Arten sind Langstreckenzieher nach Afrika südlich der Sahara oder Indien (Grünlaubsänger).

BRUTVERHALTEN

Als Freibrüter bauen die heimischen Arten ihre Nester versteckt am Boden oder in Bodennähe in dichten Sträuchern, nur der Goldhähnchen-Laubsänger nistet in mittlerer Höhe an Nadelbäumen. Die Nester aus Halmen, Moosen und Laub sind geschlossen kugel- oder backofenförmig mit seitlichem Eingang. Die Weibchen legen zwischen vier und sieben weiße Eier mit rostbraunen Flecken und brüten je nach Art zwischen 12 und 14 Tagen. Die Nestlinge brauchen zwischen 11 und 14 Tage bis zur Selbstständigkeit.

KURZPORTRÄTS

Der bis 13 cm große Waldlaubsänger ist der größte und neben

Fitis und Zilpzalp häufigste heimische Laubsänger. Er hat eine grüne Oberseite und eine gelbweiße Unterseite, die Überaugenstreifen und die Kehle sind gelb. Sein durchdringender Gesang kennt zwei Strophen und ist vor allem in den Kronen von Buchenwäldern zu hören.
Der bis 12 cm große Berglaubsänger lebt in Deutschland in Waldgebieten der Alpen und des höher gelegenen Südschwarzwalds und kommt nördlich davon nur vereinzelt vor. Er hat eine graubraune Oberseite und weiße Unterseite sowie einen undeutlichen weißen Überaugenstreif.
Der 10 cm große, untersetzt wirkende und verborgen lebende Grünlaubsänger ähnelt mit olivgrüner Ober- und grauweißer Bauchseite dem Waldlaubsänger, besitzt aber einen dunklen Augenstreif und darüber einen langen gelben Überaugenstreif, der sich bis zum Hinterkopf zieht. Er lebt in Osteuropa und Zentralasien, dehnt aber sein Areal im Westen bis Mecklenburg-Vorpommern aus. Der hohe, durchdringende Gesang erinnert an den Zaunkönig.
Der 9 cm große Goldhähnchen-Laubsänger mit olivgrüner Oberseite und grauweißer Unterseite ähnelt dem Goldhähnchen. Auffallend sind zwei gelbe Flügelbinden sowie gelbe Überaugenstreifen und ein gelber Scheitelstreif. Dieser Vogel lebt eigentlich in Sibirien sowie Zentralasien und zieht im Winter nach Südchina, doch überwintern in den letzten Jahren immer mehr Tiere als Irrgäste auch in Norddeutschland.

Berglaubsänger, in den Alpen und in den höheren Regionen des Schwarzwaldes anzutreffen

HEIMISCHE LAUBSÄNGER	
Berglaubsänger	Grünlaubsänger
Fitis (Fitislaubsänger)	Waldlaubsänger
Goldhähnchen-Laubsänger	Zilpzalp

IM FOKUS: **FITIS UND ZILPZALP**

Die bekanntesten heimischen Laubsänger, der bis zu 13 cm große Fitis oder Fitislaubsänger (Phylloscopus trochilus) und der bis 12 cm große Zilpzalp (Phylloscopus collybita), sind leicht zu verwechseln, allerdings zwei verschiedene Arten.

Fitis oder Fitislaubsänger

Der schlankere, oberseitig grüne bis olivbraune und unterseitig gelblichweiße Fitis ist etwas farbiger als der Zilpzalp mit graugrüner Oberseite und grauweißer Unterseite. Kleine anatomische Unterschiede an den Handschwingen sind nur schwer zu identifizieren.

BODEN UND GEBÜSCH

Beide Arten leben in Laub- und Mischwäldern, kommen aber auch in Parks und Gärten vor. Während der „huit"-Ruf relativ ähnlich ist, ist der Gesang ein deutliches Unterscheidungsmerkmal. Die abfallenden Melodien aus hellen Tönen beim Fitis wirken schwermütig, der Zilpzalp dagegen singt unermüdlich seinen lauten zweisilbigen, namengebenden Gesang zilp-zalp-zilp-zalp.
Der Fitis ist ein Bodenbrüter, der Zilpzalp errichtet meist zwischen 10 und 40 cm über dem Boden sein kugeliges bis backofenförmiges Nest in dichtem Gebüsch. Beide Arten nehmen auch in Gärten mit hohem Baumbestand sowie Buschwerk mit dichtem Unterwuchs Quartier und fressen Insekten von den äußersten Zweigen der Bäume. Da sie im Herbst verstärkt Beeren und Obst nehmen, können Sie ihnen auch hierin gute Nahrungsbedingungen bieten.

Zilpzalp mit seinem namengebenden lauten Gesang

VERLOCKENDE GARTENGESTALTUNG

Der Fitis zieht im Winter nach Südafrika südlich der Sahara, der Zilpzalp in den Mittelmeerraum. Die Rückkehrer lassen sich im Frühjahr mit einer „wilden Ecke" aus stehen gelassenen Stauden und höheren, verwilderten Gräsern des Vorjahres auch zum Brüten locken.

Haubenlerche mit ihrer charakteristischen abstehenden Federhaube

3.13 LERCHEN

Die Familie der Lerchen (Alaudidae) umfasst 20 Gattungen mit insgesamt 92 Arten, von denen elf in Europa heimisch sind. Der melodische Gesang einiger Arten und die Angewohnheit, im Flug zu singen, hat Komponisten und Dichter inspiriert.

MERKMALE

Die kleinen bis mittelgroßen Lerchen sind als Bodenbewohner und -brüter fast nur sand- bis erdfarben bräunlich und mit dichter Strichelzeichnung gut getarnt; die Unterseite zeigt weißlich bräunliche Töne und ist ebenfalls gestrichelt. Die heimischen Arten fressen Insekten, Larven, Würmer und Spinnentiere und gehen im Winter zu Sämereien, Keimlingen, Knospen und Beeren über. Anders als die meisten Singvögel laufen sie am Boden statt zu hüpfen. Zum Lautrepertoire vieler Arten gehört das „Spotten", das Imitieren anderer Vogelarten, aber auch anderer Geräusche. Der Gesang beginnt in der Morgendämmerung, weshalb man Frühaufsteher als „Lerchen" bezeichnet. Die heimischen Arten sind Kurzstreckenzieher nach Südeuropa und in den Mittelmeerraum.

BRUTVERHALTEN

Als Bodenbrüter legen Lerchen ihr Nest gut versteckt in etwa 20 cm hoher Vegetation in einer gescharrten Mulde an und polstern es mit Pflanzenteilen aus. Die Weibchen legen drei bis fünf weißlich graue Eier, die dicht dunkelgrau oder braun gefleckt sind. Die Brutdauer beträgt elf bis 13 Tage; die Nestlinge verlassen nach sieben bis elf Tagen ihr Nest und laufen umher, sind aber erst nach 16 bis 20 Tagen flügge und selbstständig.

HEIMISCHE LERCHEN	
Feldlerche	Heidelerche
Haubenlerche	Ohrenlerche

Heidelerche in ihrem Lebensraum

Ohrenlerche auf Nahrungssuche am Strand

KURZPORTRÄTS

Die 18 cm große, graubraun gestreifte Haubenlerche mit rötlicher Färbung an der Flügelunterseite wirkt kompakt und besitzt einen kräftigen gebogenen Schnabel sowie eine abstehende Federhaube. Sie lebt im Grasland, ist aber auch an Feld- und Straßenrändern sowie in Industriegebieten anzutreffen und die am wenigsten scheue heimische Lerchenart. Ihre Population in Europa ist seit 1980 um dramatische 98% geschrumpft, sie gilt bei uns als vom Aussterben bedroht.

Die nur 14 cm große Heidelerche mit beigedunkelbraun fein gestricheltem Oberkopf und Rücken besitzt kräftige helle Überaugenstreifen, die sich am Hinterkopf V-förmig vereinen. Kehle und Bartstreifen sind weiß. Sie liebt trockene, sonnige Schneisen und Heiden, aber auch die Randbereiche von Mooren und Streuobstwiesen. Auch diese Art erlebt in einigen Gegenden Deutschlands in den letzten Jahren einen deutlichen Bestandsrückgang.

Die 17 cm große Ohrenlerche hat eine kräftig braungraue Oberseite und eine weiße Unterseite mit schwarzem Brustband. Durch ihre gelbschwarze Gesichtsmaske mit kleinen, hörnerartigen Federohren ist sie deutlich farbiger als die anderen heimischen Arten. Sie lebt vor allem in Nordskandinavien, überwintert aber vielfach in Norddeutschland an den Küsten von Nord- und Ostsee, auf Helgoland und den Ostfriesischen Inseln, wo sie auch brütet.

Feldlerche in ihrem Element

IM FOKUS: **FELDLERCHE**

Bei der häufigsten und bekanntesten unserer Lerchen, der Feldlerche (Alauda arvensis), wird das Männchen bis 18 cm und das Weibchen bis 19 cm groß.

Die Feldlerche hat eine in verschiedenen Brauntönen gestrichelte Oberseite, einen Kopf mit weißem Überaugenstrich sowie hellem Wangenfleck und eine Federhaube, die sie bei Gefahr und Balz aufstellt; die Unterseite ist weiß. Sie ist auf Äckern gut getarnt und startet ihren Flug oft im letzten Moment.

Sie lebt und brütet auf offenen Heideflächen sowie Brachland, Äckern und Wirtschaftsweiden, wo sie große Verluste durch Ernteeinsätze zur Brutzeit erleidet. Auf Feldern oder an Feldrändern soll daher ein kleiner Brutstreifen stehen gelassen werden, das Lerchenfenster.

SÄNGER UND FLUGAKROBAT

Das Männchen singt melodisch, rollend und beschwingt vor allem während der Balz, wobei er sich ohne Pause aus vollem Hals singend im Spiralflug bis 200 m Höhe in den Himmel schraubt und dann im Sturzflug heruntergeht; auch der Balztanz mit Hüpfen und Verbeugen des eifersüchtigen Revierverteidigers ist beeindruckend.

HILFE TUT NOT

Der Naturschutzbund (NABU) kürte die Feldlerche nach 1998 für 2019 erneut zum Vogel des Jahres, da der Bestand seit Jahren dramatisch zurückgeht, obwohl sie häufig zweimal im Jahr brütet.

Da die Feldlerche im Winter auf pflanzliche Kost umstellt und oft die Nähe menschlicher Siedlungen aufsucht, kann man sie gelegentlich auch am Futterplatz antreffen. Zu ihrem Schutz müssen Heideflächen erhalten und Ausgleichsflächen sowie Brutstreifen für intensiv genutzte Weiden und Äcker geschaffen werden, da die Art durch Verlust der Brutplätze bedroht ist.

Oben: Feldlerche nach erfolgreichem Beuteflug, unten: Hervorwürgen der Nahrung für den Nachwuchs

Mauersegler im Gleitflug

3.14 MAUERSEGLER

Der Mauersegler gehört zur Vogelfamilie der Segler (Apodidae) aus der verzweigten Ordnung der Seglervögel und ist die einzige in Mitteleuropa flächendeckend vorkommende Seglerart. Er ist perfekt an ein Leben im Gleitflug angepasst und mit den ähnlich aussehenden Schwalben genetisch nicht verwandt.

MERKMALE

Der bis 17 cm große Mauersegler (Apus apus) hat ein durchgehend schwarzes bis braunschwarzes Gefieder mit grauweißem Kehlfleck und einen kurzen, leicht nach unten gebogenen Schnabel. Auffallend sind seine überlangen, sichelförmigen Flügel mit gut 40 cm Spannweite. Sein Schwanz ist deutlich kürzer als bei Schwalben und schwächer gegabelt.
Außerhalb der Brutzeit bleiben Mauersegler fast zehn Monate in der Luft, können im Sturzflug bis zu 200 km/h erreichen und bestechen durch ihre atemberaubenden und wendigen Flugmanöver, bei denen sie mit gerade gehaltenem Kopf um die eigene Längsachse kippen. Dieses beeindruckende Schauspiel lässt sich stundenlang in der Natur beobachten.
Mauersegler ruhen und übernachten auch in der Luft mit vermindertem Flügelschlag in einer Art Halbschlaf. Am Boden bewegen sie sich mit ihren kurzen Beinen nur ungeschickt, können aber mit ihren großen Krallen gut klettern. Im Flug stoßen sie ihre hohen, lauten und zweisilbigen Rufe aus, in der Balz singen die Paare im Duett.
Mauersegler sind gesellig und gut verträglich; sie jagen auch im Flug Zweiflügler und Fluginsekten bis in 50 m Höhe. Sie sind Langstreckenzieher nach Afrika südlich der Sahara; in Süddeutschland überschneidet sich ihr Gebiet mit dem des bis zu 23 cm großen Alpenseglers, der durch seine weiße Kehle und seine Unterseite mit schwarzem Brustband auffällt.

BRUTVERHALTEN

Der Mauersegler war früher ein Felsbrüter, wurde aber bereits im Mittelalter zum Gebäudebrüter in mehrgeschossigen Wohnhäusern, Kirchtürmen und Bahnhöfen, wo er Hohlräume, Traufen und Vorsprünge nutzt. Er brütet in Kolonien und erbaut sein schalenförmiges Nest mit zentraler Vertiefung aus Halmen, Blättern, Fasern und Federn, das er mit erhärtendem Speichel verklebt und oft mehrjährig nutzt.

Das Weibchen legt zwei bis drei längliche weiße Eier, beide Partner brüten je nach Witterung zwischen 18 und 27 Tage. Auch die Nestlingszeit ist witterungsabhängig und beträgt zwischen 38 bis 56, meist knapp über 40 Tage. Bei Schlechtwetter und Nahrungsmangel verfallen ältere Nestlinge in eine schlafähnliche Hungerstarre (Torpor), in der sie ihre Körperfunktionen herunterfahren.

HILFE DES MENSCHEN

Da Mauersegler heute nahezu ausschließlich in von Menschen errichteten Gebäuden brüten, suchen sie auch alte Wohnhäuser mit Speichern, Spalten unter Dachziegeln, Dachbalken, Nischen oder Verschlägen auf; mit glatt verputzten Hauswänden können sie nichts anfangen. An Hauswänden ohne Rückseite direkt angebrachte Schlitzkästen mit kleinem oder am Kastenboden befindlichem Einflugloch, um Stare fernzuhalten, nehmen sie an. Die Beobachtung der „übenden“ Jungvögel am Flugloch kurz vor dem Abflug ist herzerfrischend.

Aller Anfang ist schwer: Flugversuche eines jungen Mauerseglers

3.15 MEISEN

Die Familie der Meisen (Paridae) ist wissenschaftlich neu eingeteilt worden und umfasst heute insgesamt 51 Arten, wobei die Bart-, Beutel- und die Schwanzmeisen als eigene Familien betrachtet werden. Die bekanntesten heimischen Arten sind treue Besucher des winterlichen Vogelhäuschens.

MERKMALE

Meisen sind kleine, gedrungene Vögel mit kurzem, aber kräftigem Schnabel. Sie zeigen farblich meist ein recht buntes und kontrastreiches Gefieder, was auch auf die meisten heimischen Arten zutrifft. Sie bewohnen hauptsächlich Laub-, Nadel- und Mischwälder und nehmen als Kulturfolger auch Parks und Gärten mit reichem Baumbestand an. Meisen sind lebhaft, neugierig, lernfähig, nicht besonders scheu und treten als gewandte Kletterer vielfach zusammen mit anderen Meisenarten, Kleibern und Sperlingen auf. Sie fressen Insekten, Larven, Raupen und Spinnentiere, die kleineren Arten Blattläuse, und steigen im Winter auf Sämereien, Beeren, Nüsse und Kerne um. Die meisten heimischen Arten sind Standvögel, Strichvögel oder Teilzieher.

BRUTVERHALTEN

Meisen brüten in Baumhöhlen, für die Futtersuche gern in der Nähe von Obstbäumen, einige Arten wie die Tannenmeise brüten auch in Fels- und Erdhöhlen. Das Nest wird entsprechend ausgekleidet. Heimische Meisen legen oft eine recht hohe Zahl von weißlichen, locker braun gesprenkelten Eiern, sechs bis zwölf sind keine Seltenheit, und brüten im Durchschnitt 12 bis 15 Tage. Die Nestlinge werden von beiden Eltern in rascher Folge gefüttert und sind im Schnitt nach 17 bis 20, bei einigen Arten nach 22 Tagen selbstständig.

KURZPORTRÄTS

Die bis 13 cm große braungraue Sumpfmeise hat eine schwarze Kopfkappe über Stirn und Scheitel und weißliche Wangen. Sie lebt in Mischwäldern mit Eichen und Rotbuchen. In Deutschland leben bis 530 000 Brutpaare.
Die 12 cm lange Weiden- oder Mönchsmeise sieht der Sumpfmeise sehr ähnlich, hat aber ein größeres schwarzes Kinnfeld und ein helles Feld auf den Flügeln. Sie lebt in feuchten Mischwäldern und Sumpfgelände und hämmert ihre Bruthöhle vielfach selbst; in Deutschland leben bis 140 000 Brutpaare.
Drei Arten sind heute nur noch nominell Meisen und bilden eigene Familien:
Die mit bis zu 10 cm Schwanz insgesamt bis 16 cm lange, kugelige Schwanzmeise hat ein hellbraunes Gefieder und je nach Unterart einen hellen bis weißen Kopf. Sie ist ein akrobatischer Kletterer und frisst an äußersten Zweigspitzen. In Deutschland leben bis 170 000 Brutpaare.
Die hübsche gelbbraune Bartmeise ist am blaugrauen Kopf und den langen schwarzen Bartstreifen unterhalb des Auges beim Männchen zu erkennen. Bis 6500 Brutpaare leben in Deutschland. Die bis 12 cm große Beutelmeise mit

HEIMISCHE MEISEN	
Bartmeise	Schwanzmeise
Beutelmeise	Sumpfmeise
Blaumeise	Tannenmeise
Haubenmeise	Weidenmeise
Kohlmeise	

Kohlmeisen behalten stets den Überblick.

graubraunem Kopf, schwarzer Maske und rostbraunem Rücken liebt offene Sumpfgebiete und baut kunstvolle runde Nester in Gewässernähe. Es leben bis zu 5500 Brutpaare dieses Vogels in Deutschland.

HILFE IM GARTEN

Besonders die häufigen Arten nehmen gern Meisenkästen als Nisthilfen an und erweisen sich als eifrige Insekten- und Schädlingsvertilger. Im Winter gehören sie zu den häufigsten Besuchern von Futterplätzen und Meisenknödeln; sie lieben Nüsse, Sonnenblumenkerne, Samen und Beeren aller Art.

Meisenknödel, Körner und Samen für den Winter im heimischen Garten

Kohlmeise

Weiden- oder Mönchsmeise

Sumpfmeise

Beutelmeise

Bartmeise

Schwanzmeise

IM FOKUS: **BLAUMEISE**

Die bekannte und lebhafte, 10 bis 12 cm große Blaumeise (Cyanistes / Parus caeruleus) hat eine grüngelbe Oberseite mit hellblauen Partien an Flügeln und Kopfplatte; der Kopf ist weiß mit schwarzem Augenstreif, die Unterseite leuchtend gelb.

Blaumeisennest, in dem die Eltern mit Futter sehnsüchtig erwartet wurden

Der gleichförmige Gesang ist ein hohes „zizizi". Die Blaumeise lebt in Laub- und Laubmischwäldern mit Eichenbestand, in Kulturlandschaften mit hohem Baum- und Strauchbestand sowie in Streuobstwiesen.

ZEIGEN DER BRUTHÖHLE

Blaumeisen fressen Kleininsekten, Hautflügler, Käfer und vor allem Blattläuse, wobei sie als geschickteste aller heimischen Meisen oft an Zweigenden kopfüber picken. Ab Herbst stellen sie zunehmend auf Sämereien und Wildfrüchte um, besonders auf Bucheckern.

Bei der Paarbildung ist das Weibchen aktiver, doch gehört zum Balzritual das Zeigen der Bruthöhle durch das Männchen. Für das Brüten bevorzugen sie höher gelegene Baumhöhlen mit engen Eingängen; die Höhle wird aufwändig ausgekleidet. Das Weibchen legt 6 bis 12 weiße Eier mit schwachen braunen Sprenkeln und brütet 12 bis 17 Tage; die Nestlinge brauchen 16 bis 22 Tage. In Deutschland leben bis 4,25 Mio. Brutpaare.

GARTENBRÜTER

Die Blaumeise, die im Garten Nisthilfen annimmt, ist bei uns Standvogel oder Teilzieher und sucht im Winter regelmäßig die Futterplätze auf, wo sie dominant auftritt; auch am Meisenknödel, an dem sie ihren Körner- und Fettbedarf deckt, erweist sie sich als der geschickteste Akrobat. Um Blaumeisen gezielt zum Brüten anzulocken, sollte das Einflugloch des Meisenkastens möglichst nur 26 bis 28 mm klein sein, was die größere Kohlmeise abhält.

Oben: Blaumeise an der Futterstelle im Garten, unten: Blaumeisennest mit Eiern

Lockruf der Kohlmeise

IM FOKUS: **KOHLMEISE**

Die größte und häufigste heimische Meisenart, die bis zu 15 cm große Kohlmeise (Parus major), ist auf der Oberseite oliv- bis blaugrün, auf der Unterseite gelb mit schwarzem Längsstreifen, die Wangen sind weiß. Sie wurde nach dem „kohlschwarzen" Oberkopf, Nacken und der Kehle benannt; das Weibchen erscheint blasser.

Sie lebt in Laub- und Mischwäldern, aber auch in Parks, Alleen und Gärten mit Baum- und Buschbestand. Kohlmeisen sind intelligent, lern- und anpassungsfähig und haben einen hohen, metallischen und lauten Gesang sowie den charakteristischen Ruf „zizibäh" oder ein metallisches „pink, pink, pink".

HÄUFIGER BRUTVOGEL

Kohlmeisen brüten hierzulande 12 bis 15 Tage, die Nestlinge brauchen 17 bis 20 Tage bis zur Selbstständigkeit. Die Jungvögel sind neugierig und untersuchen die Umgebung gemeinsam. Mit 5,7 bis 6,45 Mio. Brutpaaren ist die Kohlmeise einer unserer häufigsten Brutvögel.

HILFREICH IM GARTEN

Kohlmeisen nehmen gern und rasch Nisthilfen an, brauchen aber beim Meisenkasten ein mit 32 mm Durchmesser größeres Einflugloch als die anderen Meisenarten. Auch in Briefkästen haben sie schon gebrütet. Die Eltern sind im Dauereinsatz beim Füttern von bis zu einem Dutzend Jungen und daher der beste natürliche Schädlingsvertilger im Garten. Im Winter stellen sie sich am Vogelhäuschen und lieber noch am Futterplatz ein, da sie ihre Nahrung gern vom Boden picken. Sie nehmen Nüsse und ölreiche Sonnenblumenkerne und klettern geschickt am Meisenknödel.

Oben: Kohlmeisenversammlung am Futterplatz, unten: Kohlmeisenbrutpaar

IM FOKUS: **HAUBEN- UND TANNENMEISE**

Diese beiden Meisenarten sind in Mitteleuropa weit verbreitet und häufige Brut- und Jahresvögel. Ihr natürlicher Lebensraum sind Nadelbaumregionen sowohl in den heimischen Wäldern als auch in Parks und Gärten.

HAUBENMEISE

Die bis 12 cm große Haubenmeise (Lophophanes cristatus) hat eine graubraune Oberseite und eine schmutzig weiße Unterseite, cremefarbene Flanken, weiße Kopf- und Halsseiten sowie ein hinter den Augen beginnendes schwarzes Band. Unverwechselbar ist ihre schwarzweiß gesprenkelte, leicht nach vorn gebogene Federhaube, die sie jederzeit auch anlegen kann.

NADELBÄUME MÜSSEN SEIN

Sie lebt in Nadel- und Mischwäldern, aber auch in Parks und Gärten mit hohem Nadelbaumbestand. Sie brütet in Baumhöhlen und Baumstümpfen und nimmt Meisenkästen nur, wenn sie aus Stammstücken gefertigt sind. Dafür sucht sie im Winter gern Meisenknödel und Futterstellen auf, wenn Nadelbäume in der Nähe sind. Im Spätwinter sieht man Haubenmeisen nach der Schneeschmelze öfter am Boden auf der Suche nach Insekten und Spinnen.
In Deutschland leben bis zu 560 000 Brutpaare. Die Jungvögel schließen sich zu lockeren Trupps mit anderen Meisenarten zusammen.

Haubenmeise mit Federhaube

TANNENMEISE

Die 11 cm große Tannenmeise (Periparus ater) ist die kleinste heimische Meise und hat eine gräulich blaue Oberseite mit doppelter weißer Flügelbinde, eine gelblich weiße Unterseite und einen schwarzen Kopf mit weißen Wangen und länglichem Nackenfleck. Von weitem kann man sie mit der Kohlmeise verwechseln.

BAUMSAMEN AUCH IM WINTER

Die Tannenmeise lebt bevorzugt in Nadelwäldern mit Fichtenbestand, wo ihr Ruf „wize-wize" aus Baumkronen erschallt, aber auch in Parks, Friedhöfen und Gärten mit Nadelbäumen. Die Tannenmeise brütet nicht nur in Baumhöhlen, sondern auch in Erdhöhlen und Erdspalten. Im Winter bilden Fichten- und Kiefernsamen ihre Hauptnahrung; sie bedienen sich, nachdem Eichhörnchen die Zapfen geöffnet haben. Sie stellen sich auch am Futterhäuschen ein und hängen am Meisenknödel, verstärkt durch Wintergäste aus Skandinavien. In Deutschland leben nach Schätzungen bis zu 1,8 Mio. Brutpaare.

Tannenmeisen mit Futter

Kolkraben auf einer Wiese

3.16 RABENVÖGEL

Die Rabenvögel (Corvidae) umfassen ca. 120 Arten in 25 Gattungen und zählen zu den Sing- und Sperlingsvögeln. Raben und Krähen waren in der Kulturgeschichte als weise Omentiere, Aasbeseitiger, Hexenbegleiter und „Galgenvögel" präsent.

MERKMALE

Rabenvögel sind mittelgroß und besitzen einen kräftigen Schnabel. Außer bei Hähern und Elstern dominiert bei den heimischen Arten eine schwarze oder schwarzgraue Gefiederfärbung, die auch blauviolett schimmern kann. Raben und Krähen sind sehr sozial und sprachbegabt, obwohl ihr Hauptruf ein lautes Krächzen ist; bei Intelligenz, Merk- und Lernverhalten bis zum Werkzeuggebrauch schneiden sie besonders gut ab.
In unseren Breiten sind sie Standvögel und äußerst anpassungsfähig in der Nahrungswahl, von Insekten und Kleinsäugern über Aas bis zu Früchten, Beeren und Samen, die sie oft am Boden nehmen; sie gelten als Allesfresser und legen Vorräte an. Als Saatschädlinge und Plünderer von Sing-

HEIMISCHE RABENVÖGEL	
Alpendohle	Nebelkrähe
Dohle	Rabenkrähe
Eichelhäher	Saatkrähe
Elster	Tannenhäher
Kolkrabe	

vogelnestern wurden einige Arten, die oft in recht großen Trupps auftreten, stark verfolgt.

BRUTVERHALTEN

Die meisten Arten sind lebenslang monogam, bei einigen, besonders Koloniebrütern, betätigen sich nicht brütende Tiere als Bruthelfer. Sie legen ihre recht großen und kompakten Nester auf Bäumen und hohen Sträuchern an, die sie auch als Schlafplätze wählen, die Kulturfolger auch in alten Gebäuden. Die Weibchen legen drei bis sechs, die Saatkrähe bis neun graugrüne oder bläuliche Eier mit dunkleren Flecken. Die Brutzeiten betragen 16 bis 21 Tage, die Nestlinge werden nach 28 bis 41 Tagen selbstständig.

KURZPORTRÄTS

Der bis 67 cm große Kolkrabe ist der mit Abstand größte heimische Rabenvogel und wurde bis in die 1940er-Jahre fast ausgerottet. Er ist schwarz mit metallischem Glanz und bewohnt Wälder sowie offene Landschaften, hält sich aber auch in der Nähe von Weidetieren auf, deren Nachgeburten er frisst. In Deutschland leben bis 22 000 Brutpaare.
Zwillingsarten sind die schwarze, vor allem in Westdeutschland lebende bis zu 47 cm große Rabenkrähe mit bis zu 790 000 Brutpaaren und die schwarzgraue, vor allem in Ostdeutschland präsente gleich große Nebelkrähe mit bis zu 67 000 Brutpaaren, die beide in Städte, Parks und Gärten vordringen.
Die etwas kleinere, metallisch schwarz glänzende Saatkrähe mit ihrem markanten Schnabel bevorzugt offene Ackerflächen und Wiesen, bildet Kolonien und überwintert oft in großen Trupps in Großstadtquartieren. Von frischen Saatfeldern werden sie durch Geschmacksstoffe der Saat oder Knallgeräte ferngehalten.
Die schwarz und schiefergrau gefärbte, bis 39 cm große Dohle ist an ihren hellblauen Augen zu erkennen; sie ist ein Teilzieher und Höhlenbrüter auch in Gebäuden. Auch sie ist oft in größeren Verbänden unterwegs und in Innenstädten präsent. Bis 135 000 Paare leben in Deutschland.

RABENVÖGEL IM GARTEN

In Gärten mit größeren Rasenflächen sind vor allem Raben- und Nebelkrähen häufigere Gäste, doch bei vielen Singvogelfreunden eher unbeliebt, zumal die cleveren Rabenvögel auch gelernt haben, Mülltonnen und Gartenabfälle zu plündern. Im Winter stellen sie sich an offenen Futterplätzen ein und nehmen größere Körner, Samen, Nüsse und Obst.

Dohle mit Zivilisationsbeute

IM FOKUS:
ELSTER UND EICHELHÄHER

Die Elster ist in Europa vor allem in Siedlungsgebieten häufig vertreten. Der Eichelhäher ist über Europa, Teile Nordafrikas und des Nahen Ostens in Asien bis Indochina verbreitet. Beide Rabenvögel sind höchst intelligente Vertreter ihrer Familie.

Die sprichwörtliche „diebische Elster“, die fast alle Arten von Nahrung und auch anderes sammelt

ELSTER

Die ganz in schwarz und weiß gezeichnete, bis 46 cm große Elster (Pica pica) mit ihrem metallisch schillernden Glanz und dem langen Schwanz ist auch an ihrem „schäckernden“ Ruf sowie der meisterhaften Fähigkeit, andere Vögel und Geräusche zu imitieren, zu erkennen. Sie lebt in offenen Landschaften mit Wiesen, Hecken und Baumgruppen und siedelt in unseren Breiten heute bevorzugt an ruhigeren Orten wie Dörfern und Dorfrändern.

UMSTRITTENER RUF

Als Allesfresser stochert sie gern in Komposthaufen und ist ein eifriger Aasfresser. Allerdings plündert sie auch Vogelnester in Gärten und wird daher nach EU-Richtlinien bejagt. Nach offiziellen Angaben werden in Europa jährlich fast 1 Mio. Elstern getötet. Neugierde, ihr ausgeprägter Spieltrieb und die Vorliebe für runde glänzende Gegenstände (auch Münzen), die sie eingehend untersucht, führten zu ihrem zweifelhaften Ruf als „diebische Elster“. Elstern legen zur Brutzeit mehrere Nester an, brüten aber nur in einem; die übrigen werden von anderen Vogelarten genutzt. In Deutschland leben bis 550 000 Brutpaare.

Der Eichelhäher ist ein fleißiger Sammler von Nüssen und Eicheln, die er weit verbreitet.

EICHELHÄHER

Der in Misch- und Laubwäldern lebende, bis 35 cm große Eichelhäher (Garrulus glandarius) hat ein auffallend rötliches bis beigefarbenes Gefieder, eine schwarzweiß gestrichelte Stirn und einen Scheitel in gleicher Farbe sowie einen deutlichen schwarzen Bartstreif. Charakteristisch sind die blauschwarz gebänderten Federn an Fittich-, Hand- und Armdecken. Mit lautem, rätschendem Ruf warnt er die Waldgemeinschaft vor Gefahren. Für den Winter legt der Eichelhäher in Spalten und Löchern bis zu mehr als 10 kg Vorräte an Eicheln und Nüssen an, die er nicht alle wiederfindet. So trägt er zur Verbreitung der Baumarten bei.

WINTERGAST IM GARTEN

Im Winter sucht der Eichelhäher in waldnahen Gärten gern Futterplätze und Vogelhäuschen auf. Er nimmt größere Sämereien, Nüsse, Beeren und Obst; auch stellen sich Tiere aus Skandinavien und dem Baltikum ein. In deutschen Regionen leben nach Schätzungen bis zu 670 000 Brutpaare.
Auch der Eichelhäher ist ein Meister der Imitation. Oft stellt sich ein rufender vermeintlicher Habicht oder Specht als Eichelhäher heraus.

3.17 RINGELTAUBE

Die Ringeltaube gehört zur Familie der Tauben (Columbidae), der einzigen in der Ordnung der Taubenvögel mit 42 Gattungen und gut 300 Arten. Sie ist die größte Taube Mitteleuropas und die häufigste in Deutschland. Früher Symbol von Frieden und Liebe und als Brieftaube gezüchtet, hat sie heute einen schwierigen Ruf.

MERKMALE

Die bis 43 cm große Ringeltaube (Columba palumbus) ist an Vorderrücken und Schultern schiefergrau, an Rücken und Kopf blaugrau mit grünem Band an Hals und Nacken und gräulich weinroter Brust. Sie hat im Verhältnis zum eher massiven Körper einen kleinen Kopf und einen gemächlich watschelnden Gang.

Ihr dumpfes, monotones Gurren ist leiser als bei anderen Arten. Sie bewohnte ursprünglich Waldlandschaften, ist aber seit dem 19. Jahrhundert als Kulturfolger in Parks, Alleen, Anlagen und großen Gärten heimisch und kaum scheu. Sie frisst Eicheln, Bucheckern, Sämereien, Knospen, frische Blätter, Beeren und Obst, nur selten tierische Nahrung wie Raupen und Schildläuse. Die Ringeltaube ist ein Teilzieher in den Mittelmeerraum. In Deutschland leben bis 3,1 Mio. Brutpaare.

Alle Tauben leiden inzwischen unter dem Ruf als Krankheiten übertragende „Ratten der Lüfte", der vor allem der seit den 1950er-Jahren in Innenstädten sich explosionsartig ausbreitenden Stadttaube mit ihrer Verschmutzung von Gebäuden und Plätzen durch Kot, Federn und Nistmaterialien gilt.

Die manchmal aufdringliche Ringeltaube auf einem Balkongeländer

BRUTVERHALTEN

Ringeltauben balzen von März bis September, was an Balzruf und Balzflug des Männchens (Täuberich oder Tauber) zu erkennen ist. Die eher flachen Nester mit mittiger Mulde werden aus unbelaubten Zweigen

HEIMISCHE TAUBEN	
Hohltaube	Türkentaube
Ringeltaube	Turteltaube
Stadttaube	

auf Bäumen und Sträuchern, in Städten auch auf Vorsprüngen und in Nischen von Gebäuden errichtet und oft mehrjährig genutzt. Das Weibchen legt meist zwei elliptische, weiße Eier und brütet 16 bis 17 Tage. Die Nestlingszeit dauert etwa 29 Tage, die volle Flugfähigkeit ist nach 35 Tagen erreicht. Alle Tauben füttern ihre Jungen mit Kropfmilch und Pflanzenteilen.

TAUBE UND MENSCH

Während Hohl- und Turteltaube als Waldbewohner vorsichtig in Parks und Siedlungsbereiche vordringen, suchen Ringel- und Stadttaube und immer stärker auch die kleinere Türkentaube als Kulturfolger die Nähe des Menschen und werden vielfach bejagt; in Deutschland werden jährlich etwa 1 Mio. Ringeltauben geschossen, ohne dass der Bestand abnimmt.

Ihr Nestbau in oder an Häusern wird meist unterbunden, zumal nistbereite Tauben hartnäckig sind, und ihre Verunreinigung von Balkonen und Fensterbänken mit Nagelbrettern und

Ringeltauben bei der Balz

Hochtongeräten oder Krähenattrappen bekämpft. Gegen die Überbevölkerung mit Stadttauben starten breit angelegte Umsiedlungsprojekte oder der Austausch des Geleges gegen Gipseier.

Einzelne Ringeltauben oder Paare auf Futtersuche im Garten werden meist geduldet, auch suchen sie im Winter gern Futterplätze auf, um größere Sämereien, Maiskörner und Bucheckern zu fressen.

Rauchschwalbe im Kunstflug

3.18 SCHWALBEN

Die Familie der Schwalben (Hirundinidae) umfasst zwei Unterfamilien, 19 Gattungen und etwa 83 Arten. Die eleganten Flieger haben als Kulturfolger, Glücksbringer in vielen Kulturen und Sommerboten einen guten Ruf, doch verschwinden ihre Nist- und Bruthabitate zunehmend.

MERKMALE

Die einander recht ähnlichen Schwalbenarten haben einen schlanken, stromlinienförmigen Körper und lange, spitz zulaufende Flügel. Charakteristisch ist der lange, gegabelte Schwanz. Der Schnabel ist kurz und kann weit geöffnet werden, die Füße sind winzig und zum Laufen wenig geeignet.

Schwalben sind schnelle und gekonnte Flieger; sie nehmen ihre Nahrung, vor allem Fluginsekten aller Art, in der Regel im Flug aus der Luft auf. Da ihre Beute bei Tiefdruck niedriger fliegt, jagt die Schwalbe sie auch in tieferen Luftregionen, weshalb seit alters her bekannt ist, dass tieffliegende Schwalben schlechtes Wetter anzeigen. Die heimischen Schwalben sind Langstreckenzieher, die vor dem Winter nach Afrika südlich der Sahara fliegen. Zu den heimischen Arten gehören Mehl-, Rauch- und Uferschwalbe.

BRUTVERHALTEN

Schwalben sind eigentlich Felsenbrüter in Kolonien, die ihre Nester an unzugänglichen Stellen anbringen. Mehl- und Rauchschwalbe folgen dem Menschen in Dörfer und Städte. Sie brüten heute wie der nicht verwandte Mauersegler fast ausschließlich in und an menschlichen Behausungen: Rauchschwalben in halbdunklen Räumen ohne Zugluft wie Stallungen und Scheunen,

Mehlschwalben unter Dachgiebeln und an Hausvorsprüngen. Ihre mehrjährig genutzten Nester aus Lehm und Stroh festigen sie mit Speichelüberzug. Die Weibchen legen zwischen drei und sechs weiße, kaum gesprenkelte Eier und brüten 14 bis 17 Tage; die Nestlinge brauchen 18 bis 22 Tage, bei der Mehlschwalbe bis zu 32 Tage bis zur Selbständigkeit.

KURZPORTRÄTS

Die mit Schwanz bis 22 cm große Rauchschwalbe (Hirundo rustica) fällt durch ihre bis 7 cm langen Schwanzspieße auf und ist auf der Oberseite metallisch blauschwarz, auf der Unterseite cremefarben mit rötlich kastanienbraunen Flecken an Kehle, Kinn und Stirn. Ihr Gesang ist melodisch, der Ruf ein hohes „wid, wid". Mit 4 bis 6 Mio. Brutpaaren in Mitteleuropa ist sie die häufigste heimische Schwalbenart.

Die bis 12 cm große Uferschwalbe (Riparia riparia) ist die kleinste Art in Europa. Sie hat eine dunkelbraun bis graue Oberseite sowie eine weiße Unterseite mit erdbraunen Brustseiten und Brustband. Sie brütet in großen Kolonien in 70 cm tiefen Sandhöhlen in Steilwänden, heute auch in Abgrabungen und an Hängen. Ihr Lebensraum sind Feuchtgebiete mit Schilf; bis 210 000 Paare leben in Deutschland.

SCHWALBEN IM UND AM HAUS

Für alle Schwalben sind verschiedene Schutz- und Ansiedlungsprojekte in Gang gesetzt. Die Rauchschwalbe erleidet Rückgänge durch den Rückbau dörflicher Strukturen und Hygienevorschriften in Stallungen, auch weil sie zum Nisten in Ställen, Scheunen und Garagen stets geöffnete oder gekippte Fenster zum Ein- und Ausflug braucht. Sie nimmt auch Kunstnester an.

Mehlschwalben am Hausgiebel

Zur Ansiedlung von Schwalben braucht es naturbelassene Gärten für Nistmaterialien und mit hohem Insektenbestand ohne Pestizideinsatz. Bei Trockenheit muss für sie eine künstliche, stets bewässerte Lehmpfütze bis maximal 300 m vom Nistplatz entfernt angelegt werden.

IM FOKUS: **MEHLSCHWALBE**

Die 13 cm große Mehlschwalbe (Delichon urbicum) ist an Kopf, Oberseite und Schwanz blauschwarz sowie auf der Unterseite und am Bürzel mehlweiß. Der gegabelte Schwanz ist kürzer als bei der Rauchschwalbe, Füße und Zehen sind befiedert. Sie liebt den Gleitflug und gilt als ruffreudig.

Mehlschwalben bei der Nahrungssuche an einem Gewässer

BRÜTEN NAHE BEIM MENSCHEN

Ursprünglich brütete sie in Erd- und Lösswänden im Gebirge, in unseren Breiten ist sie aber eine ausgesprochene Kulturfolgerin, die freie Flächen mit nur geringer Vegetation braucht. Sie brütet unter Vorsprüngen, Überhängen und Dachtraufen an Häusern, wo zu glatte Wände oder versiegelte Flächen zum Absturz der Nester führen, wenn die Jungvögel größer werden. Die Jungvögel zeigen eine starke Treue zu ihrem Geburtsort und kommen dorthin oft als Brutvögel zurück.

KUNSTNESTER ALS HILFE

Mehlschwalben helfen Sie bei Mangel an Nistmaterialien durch an Hauswänden aufgehängte Kunstnester aus Gips und Sägespänen in Form eines Halbnapfes. Sie sollten mehrere Nester aufhängen, da Mehlschwalben Koloniebrüter sind.

Brut unter einem Hausdach

Gegen die Verunreinigung der Wände durch Kot und Flüssigkeiten, die früher oftmals zum Abschlagen der Nester führte, können Sie 30 cm breite Holzbrettchen etwa 50 cm unterhalb der Nester anbringen, die später gesäubert oder entfernt werden können. Eine Hilfe für ganze Kolonien ist das Schwalbenhaus oder der Schwalbenturm mit einem quadratischen oder eckigen Dach mit rau verputzten Simsen darunter zur Nestanlage, das auf einem 4 bis 6 m hohen Mast angebracht ist. Auch Mehlschwalben brauchen bei großer Trockenheit künstliche Lehmpfützen.

Mehlschwalbenschar auf einer Stromleitung

Beerenfreund Seidenschwanz

3.19 SEIDENSCHWANZ

Der Seidenschwanz gehört zur Vogelfamilie (Bombycillidae) und Gattung der Seidenschwänze mit drei recht ähnlichen Arten. Er lebt in der Taiga, dem nördlichsten Waldtyp der Erde, und in Skandinavien, fällt aber seit dem Spätmittelalter sporadisch in Scharen in Mitteleuropa ein, was früher als böses Omen galt.

MERKMALE

Der nach seinem weichen Gefieder benannte, bis 18 cm große Seidenschwanz (Bombycilla garrulus) erinnert aus der Ferne an den Kernbeißer, erweist sich aber von Nahem farblich als Kleinod. Er hat eine rostgraubraune Oberseite und hellere Unterseite; charakteristisch ist die spitz nach hinten verlaufende, aufrichtbare Kopfhaube. Vom Schnabel bis zum Hinterkopf verläuft über die Augen ein schwarzer Streifen, auch der Kehlfleck ist schwarz. Der kurze Schwanz endet in einer gelben Binde, einige Armschwingen enden in glänzend roten Plättchen. Sein Ruf gleicht einem klirrenden „Sirrrr".

Der Seidenschwanz siedelt in Wäldern mit Lärchenbeständen und frisst Beeren vor allem der Eberesche, Wacholder, Mistel und Weißdorn sowie Früchte; in Städten und Gärten erntet er wilden Wein und Efeubeeren ab; für die Brut fängt er Insekten im Flug. Er ist ein Standvogel oder Teilzieher. Ein Mangel an Ebereschen- oder anderen Beeren und Populationsdruck durch milde Sommer mit viel Nachwuchs führen immer wieder zum Abwandern großer Schwärme in südlichere Regionen; der Seidenschwanz gilt daher als typischer Invasionsvogel.

BRUTVERHALTEN

Seidenschwänze suchen für jede Brut einen neuen Partner und bauen ihr napfförmiges

Nest aus Gras, Moos und Nadelbaumzweigen auf hohen Bäumen in Waldnähe. Das Weibchen legt vier bis sechs blaugraue Eier mit schwarzen Punkten und brütet 13 bis 14 Tage. Die Jungen werden nach 15 bis 17 Tagen flügge.

BEINAMEN

Wegen seines plötzlichen, früher unerklärlichen und beunruhigenden Massenauftretens wurde er auch Pestvogel, Kriegsvogel oder im Schweizerischen „Sterbevögeli" genannt und galt als Unglücksbote. Ein weiterer Beiname ist Böhmer oder Böhmischer, da man den Böhmen nachsagte, bunt gekleidet und laut aufzutreten. Auch wurde ihr Massenauftreten im Herbst fälschlich als Vorbote für einen harten Winter gedeutet.

HILFE IM GARTEN

Im Herbst und Winter ziehende Seidenschwänze tauchen vermehrt in Trupps in Parks, Anlagen und Gärten auf und fressen Hagebutten, besonders aber Mistelbeeren und reifes bis vergorenes Obst, da sie den Alkohol wegen ihrer großen Leber abbauen können. Trotzdem prallten 2013 etwa 100 „betrunkene" Seidenschwänze in Bad Boll gegen einen verglasten Fußgängerüberweg. Im Garten suchen sie Vogelhäuschen selten auf, dafür umso eifriger Ziersträucher mit hängen gelassenen Beeren und offene Futterstellen mit geschnittenen Früchten wie Pfirsichen, Äpfeln, Birnen und Trauben.

Seidenschwanz mit Fallobst

3.20 SPECHTE

Die Familie der Spechte (Picidae) gehört zur Ordnung der Spechtvögel (Piciformes) und enthält 28 Gattungen mit gut 200 Arten. Spechte sind in heimischen Wäldern, Parks und Gärten mit ihrem Zimmern genannten Klopfen an Baumstämmen zu hören, bevor man sie zu Gesicht bekommt.

MERKMALE

Spechte sind mittelgroße, schlanke und gestreckt gebaute Vögel mit einem starken, langen Meißelschnabel und einer langen Zunge mit Widerhaken. Ihre paarig nach vorn und hinten gestellten Zehen mit scharfen Krallen und ihr starker, keilförmiger Stützschwanz ermöglicht ihnen ein geschicktes Klettern an Baumstämmen; sie können nur stammaufwärts laufen.
Spechte besiedeln nur Gebiete mit Baumbestand, am häufigsten Wälder, aber auch Gärten mit alten Bäumen. Gezimmert wird zur Nahrungssuche, zum Bau der Bruthöhle, zum Markieren des Reviers und als Balzverhalten. Spechte können bis zu 20-mal pro Sekunde hämmern; ihr Gehirn sitzt relativ fest im Schädel, auch dämpft eine federnde Gelenkverbindung zwischen Schädel und Schädelbasis die Erschütterungen. Sie klopfen Insekten und Larven unter der Borke hervor, fressen aber auch Fluginsekten, Raupen, Samen, Früchte, Knospen und Pilze. Bis auf den Wendehals sind Spechte in unseren Breiten Standvögel.

BRUTVERHALTEN

Als Höhlenbrüter zimmern Spechte Bruthöhlen in Baumstämme oftmals von Morsch- oder Totholz und kleiden sie mit Spänen aus oder besetzen alte Spechthöhlen. Die Weibchen legen drei bis sechs weiße Eier, beide Geschlechter brüten je nach Art zwischen 11 und 18 Tage. Die Jungen werden nach 20 (Kleinspecht) bis 28 Tagen (Schwarzspecht) flügge.

KURZPORTRÄTS

Der schwarzweiße Dreizehenspecht mit gelbem Scheitel der Männchen und der dem Buntspecht ähnliche, schwarzweiße Weißrückenspecht mit hellrotem Untersteiß und rotem Scheitel sind selten und kommen nur in der Alpenregion vor.
Der nur 15 cm messende Kleinspecht mit schwarzer Oberseite mit weißen Bändern und rotem Scheitel lebt in Mischwäldern und Gärten mit alten Obstbäumen mit bis zu 41 000 Brutpaaren. Der schwarzweiße, 21 cm große Mittelspecht mit rötlicher Unterseite und rotem Scheitel bevorzugt Eichen und fehlt in Norddeutschland. Bis 48 000 Brutpaare leben bei uns.
Der bis 57 cm große Schwarzspecht ist der größte heimische Vertreter dieser Vogelfamilie mit vollständig schwarzem Gefieder und rotem Scheitel der Männchen bzw. rotem Fleck am Hinterkopf der Weibchen. Sie zimmern ihre Höhlen in Bäume mit glatter Rinde und kommen nur selten in Siedlungsnähe.
In Deutschland leben bis zu 49 000 Brutpaare.
Der 16 cm große Wendehals erinnert mit seinem rindenartig getarnten Gefieder in Brauntönen eher an einen Singvogel und besiedelt lichte Wälder und Streuobstwiesen. Er bevorzugt

HEIMISCHE SPECHTE	
Buntspecht	Mittelspecht
Dreizehenspecht	Schwarzspecht
Grauspecht	Weißrückenspecht
Grünspecht	Wendehals
Kleinspecht	

Ameisen und zieht als einziger heimischer Specht im Winter nach Afrika. Bis 15 500 Brutpaare leben in Deutschland.

HILFE IM GARTEN

Alle Spechtarten werden in ihrem Bestand durch den Erhalt von Streuobstwiesen mit altem Baumbestand gefördert. Einige Arten nehmen Nisthilfen an, doch muss die Umgebung Obstbäume und ein reiches Insektenleben aufweisen. Im Winter stellen sie sich gern am Futterplatz ein, nehmen Samen, Nüsse und Obst, trinken an der Wasserschale und bedienen sich dann auch mit vereinten Kräften am Meisenknödel.

Schwarzspecht bei der Fütterung

Wendehals auf der Lauer

IM FOKUS: **BUNT-, GRÜN- UND GRAUSPECHT**

BUNTSPECHT

Der 23 cm große Buntspecht (Dendrocopos major) ist mit bis zu 900 000 Brutpaaren der häufigste und bekannteste Specht in Deutschland und auch der häufigste Besucher von Gärten und Futterstellen; bei Vorhandensein von altem und morschem Holz bleibt er auch ganzjährig im Garten. Er hat eine schwarze Oberseite mit großen weißen Flügelflecken und eine gelblich graue Unterseite mit roten Unterschwanzdecken. Die Männchen tragen einen roten Fleck im Nacken.

EIFRIGER ZIMMERMANN

Der Buntspecht zimmert jedes Jahr eine neue Bruthöhle in weiche Bäume, die alten werden oft von Meisen genutzt. Charakteristisch sind sein kurzer, lauter „Kix"-Ruf und sein rasches Trommeln in der Balzzeit. Zapfen von Bäumen klemmt er oft in eine Astgabel oder Rindenspalte ein, um sie dann in Ruhe aufzuhämmern. Im Winter sieht man ihn häufig mit dem Bauch nach oben an einem fettreichen Meisenknödel hängen. Auf der Suche nach vermeintlichem Futter trommelt er auch schon einmal Löcher in Strommasten oder Häuserdämmungen, was seiner sonstigen Beliebtheit beim Menschen durchaus abträglich ist.

Buntspecht beim Bruthöhlenbau

GRÜN- UND GRAUSPECHT

Der bis 32 cm große Grünspecht (Picus viridis) und der etwas kleinere Grauspecht (Picus canus) sind Schwesterarten mit gelbgrüner Oberseite und hellerer Unterseite. Der Grünspecht, der nach dem Buntspecht die zweithäufigste Spechtart in Deutschland ist, hat einen langen roten Scheitel und einen schwarz umrandeten roten Wangenfleck beim Männchen, der beim Weibchen jedoch schwarz ist. Der Grauspecht weist nur einen roten Stirnfleck beim Männchen auf.

AMEISENFRESSER AUF STREUOBSTWIESEN

Beide Arten gehören zu den Erdspechten, die öfter am Boden ihr Futter suchen und bevorzugt Ameisen fressen. Sie angeln sie mit ihrer langen Zunge aus dem Bau und „bohren" sich auch in verschneiten Wintern regelrecht zu ihnen durch.
Die Vögel leben in Laub- und Mischwäldern, Parks und sehr gern in Streuobstwiesen. Der Gesang des Grünspechts erinnert an ein menschliches Lachen. Vom Grünspecht leben bis 76 000 mit steigender Tendenz, vom Grauspecht bis zu 15 500 Brutpaare mit abnehmender Tendenz in Deutschland. Beiden Arten wird mit der Anlage und dem Erhalt von Streuobstwiesen in ihrem Bestand besonders geholfen.

Oben: Grünspecht
Unten: Grauspecht

Singender Haussperling (Spatz)

3.21 SPERLINGE

Die Familie der Sperlinge (Passeridae) umfasst elf Gattungen mit 48 Arten und wurde zum Namensgeber für die größte Vogelordnung der Sperlingsvögel. Von den beiden heimischen Arten ist der Haussperling oder Spatz die wohl vertrauteste Vogelart in Deutschland.

MERKMALE

Sperlinge sind kleine, kompakte Vögel mit kurzem, kräftigem, spitz zulaufendem Schnabel und relativ kurzem Schwanz. Ihr Gefieder ist auf der Oberseite in Braun- und auf der Unterseite in Grautönen gezeichnet. Einige Arten wie der Haussperling weisen eine unterschiedliche Färbung der Geschlechter auf, wobei die Weibchen heller sind. Sie bewohnen lichte Wälder und Buschland, sind aber äußerst anpassungsfähig und weit in den Siedlungs- und Landwirtschaftsbereich des Menschen vorgedrungen. Sie leben in Kolonien mit ausgeprägter Hierarchie, pflegen ihr Gefieder in Staub- oder Sandbädern („Dreckspatz") und fressen vor allem Sämereien, aber auch Kleininsekten und Larven.

BRUTVERHALTEN

Sperlinge sind in der Regel lebenslang monogam und brüten bei uns zwei- bis dreimal im Jahr. Sie sind Nischen-, Höhlen- und Freibrüter in Kolonien; besonders Haussperlinge wählen gern Hohlräume in und an Gebäuden, wo sie Kugelnester mit seitlichem Eingang anlegen. Die Weibchen legen vier bis sechs weißgraue, dicht dunkel gesprenkelte Eier und brüten zwischen 10 und 15 Tage; die Nestlingszeit dauert zwischen 11 und 16 Tage, beim Feldsperling bis 20 Tage.

KURZPORTRÄTS

Beim bis 16 cm große Haussperling (Passer domesticus) zeigt das Männchen eine kräftig braune Oberseite mit schwarzen Längsstreifen, eine schwarze Kehle und Brustlatz sowie einen bleigrauen, braun eingefassten Scheitel. Das Weibchen ist auf der Oberseite hell graubraun, die Jungvögel ähneln dem Weibchen. Der monotone Gesang des Männchens wird als „Tschilpen" bezeichnet.

Der Haussperling hat sich eng an den Menschen angeschlossen und mit seiner Hilfe auf nahezu alle Kontinente ausgebreitet, ist gesellig und neugierig und verliert rasch seine Scheu, weswegen er als „frech" gilt. Er besiedelt Dörfer mit Landwirtschaft, Innenstädte mit Parkanlagen, Bahnhöfe und Einkaufszentren und wurde zum Allesfresser, der sich auch an menschlichen Essensresten bedient. Mit 5,6 bis 10 Mio. Brutpaaren ist er nach dem Buchfink der zweithäufigste heimische Brutvogel, doch ist sein Bestand durch Gebäudesanierung und Pestizide in der Landwirtschaft rückläufig.

Der kleinere und schlankere, bis 14 cm große Feldsperling (Passer montanus) mit braunem Oberkopf und Nacken ist ähnlich, doch auf der Oberseite heller bräunlich gefärbt; auch ruft er leiser und weicher als der Haussperling. Die Geschlechter gleichen sich. Er bewohnt Wald- und Feldränder sowie den Randbereich von Siedlungen, dringt aber inzwischen als Nachfolger des seltener werdenden Haussperlings auch in Innenstädte vor, obwohl er ein vorsichtigerer Kulturfolger ist. Er nimmt Samen und Getreide vorwiegend am Boden.

Der kleinere Feldsperling

HILFE IM GARTEN

Sperlinge stellen sich ganz selbstverständlich in abwechslungsreichen Gärten ein und sind dankbar für Nist- und Koloniekästen, die passgerecht an Brüstungen oder Fensterbrettern angebracht werden, oder brüten in dicht belaubten Hauswänden. Als Liebhaber von Körnern und Samen sind sie im Winter häufige Besucher des Vogelhäuschens.

3.22 STAR

Der Gemeine Star Eurasiens aus der Familie der Stare (Sturnidae) hat 32 rezente Gattungen und gut 115 Arten. Durch Züge und Einbürgerung gehört er zu den häufigsten Vögeln der Welt. Als in großen Schwärmen auftretender Landwirtschaftsschädling wird er allerdings brachial bekämpft.

Starenformation am Abendhimmel, mit der die Vögel angreifende Tiere verwirren wollen

MERKMALE

Der bis 22 cm große Star ist ein mittelgroßer Vogel mit kurzem Schwanz und spitzen, im Flug dreieckig wirkenden Flügeln. Im Schlichtkleid hat sein schwarzes Gefieder mit metallisch grünem Glanz an den Federn weiße Spitzen, wodurch er gesprenkelt wirkt; sie verschwinden im Prachtkleid, wenn auch der dunkle Schnabel gelb wird. Jungvögel sind zunächst erdbraun. Der Star warnt mit seinen Rufen und ist für sein „Spotten" berühmt, das Imitieren anderer Vögel und Geräusche bis hin zu Rasenmähern, Alarmanlagen und Mobiltelefonen.

Er siedelt an Waldrändern und Agrarflächen, dringt aber auch in Innenstädte vor und ist ein Allesfresser, der bis in den Frühsommer Insekten sowie Wirbellose aller Art nimmt und ab Sommer auf Obst und Beeren, bei uns vor allem auf Äpfel und Kirschen, im Süden auf Weintrauben und Oliven umsteigt. Im menschlichen Siedlungsbereich plündert er Abfalltonnen und Müllkippen, befreit aber Weidetiere von lästigen Fliegen und Zecken.

Er ist bei uns Standvogel oder Mittelstreckenzieher.

SCHWARMBILDUNG

Stare bilden außer zur Brutzeit ganzjährig große Trupps bzw. Schwärme, die den Himmel verdunkeln können. Sie suchen gemeinsame Schlafplätze auf, die im Winter bis 1 Mio. Vögel umfassen können; am Berliner Dom existiert eine Schlafkolonie von 40 000 Tieren.

Wie auf Kommando formieren sich dann Hunderttausende von Vögeln in langgezogenen Schwärmen bei Annäherung von Greifvögeln synchron zu Kugeln oder pulsierenden Wellen, um Angreifer zu verwirren. Der Einfall der Schwärme in Obst, Wein- und Olivenkulturen verursacht massive Schäden; früher wurden die Stare mit Gift, Dynamit, Abschüssen und Knallgeräten bekämpft, heute zeitigt erst das großflächige Überspannen der Plantagen mit Netzen wirkliche Erfolge.

Fütterung der Nestlinge im künstlich angelegten Starenkasten

BRUTVERHALTEN

Als Höhlenbrüter errichten Stare ihr unordentlich wirkendes Nest aus Blättern, Halmen, Wurzeln, Stroh und Federn in Baumhöhlen, Felsspalten und Höhlungen an Gebäuden. Das Weibchen legt vier bis acht einfarbig hellgrüne bis hellblaue Eier und brütet 11 bis 13 Tage; die Nestlinge brauchen 17 bis 21 Tage zum Flüggewerden. Zweitbruten sind selten.

HILFE IM GARTEN

Der Mensch hielt den intelligenten und lernfähigen Star früher oft frei in der Stube, wo er recht zahm wurde. Sein Lebensraum wird jedoch heute zunehmend durch eine intensivierte Landwirtschaft und sterile Gärten ohne Obstbäume zerstört, weshalb er Vogel des Jahres 2018 war. In Gärten mit Obstbäumen und Beerenhecken sowie auf Streuobstwiesen nimmt er größere Nisthilfen an, deren Einflugloch 45 mm im Durchmesser sein sollte; kleinere Vogelarten brauchen Kästen mit kleineren Einfluglöchern, weil vor allem Stare Nistkästen recht robust besetzen. Im Winter tauchen oft größere Trupps an offenen Futterstellen auf; sie nehmen geschnittene Früchte und Beeren jeder Art.

3.23 STOCKENTE

Die größte und am weitesten verbreitete heimische Schwimmente gehört zu den Entenvögeln (Anatidae) mit 47 Gattungen und etwa 150 Arten, darunter auch der Höckerschwan. Die Stockente ist die Stammform aller Hausenten und der intensivste Kulturfolger unter den Entenvögeln.

MERKMALE

Die früher März- oder Wildente genannte Stockente (Anas platyrhynchos) ist bis 60 cm groß und hat große Zehen mit Schwimmlappen sowie einen langen, breiten Löffelschnabel zum Gründeln. Die Geschlechter unterscheiden sich zur Balzzeit deutlich; das Männchen trägt eine graue Oberseite mit brauner Brust, einen weißen Halsring und hat einen metallisch grün schimmernden Kopf mit gelbgrünem Schnabel. Die schwarzen Federn der Schwanzspitze sind zu „Erpellocken" gerollt. Im Schlichtkleid ähnelt er dem Weibchen, das in Tarnfarbe braungrau gesprenkelt ist. Der häufigste Ruf des Männchens ist ein lautes, leicht klagendes „Räb, räb, räb". Stockenten leben in und an stehenden sowie fließenden Gewässern, seit dem 18. Jahrhundert dringen sie in den menschlichen Siedlungsraum vor. In Innenstädten besiedeln sie oft in Trupps Teiche, Weiher und Gräben in Parks sowie Gärten mit größeren Teichen. Sie erweisen sich als wenig scheu, widerstands- und anpassungsfähig und sind anspruchslose Allesfresser. Neben Wasser- und Uferpflanzen, Weichtieren, Larven, Schnecken und Kleinamphibien, nach denen sie „Schwänzchen in die Höh" im Wasser gründeln, fressen sie im Herbst Eicheln und Nüsse sowie ganzjährig Entenfutter, Brot und Kekse vom Menschen, woran sie sich schnell gewöhnen. In Deutschland leben etwa 345 000 Brutpaare, die mit Schonzeit bejagt werden.

Stockentenpaar auf einem See, das Weibchen beim Gründeln

Entenmarsch mit den Küken

BRUTVERHALTEN

Bei den Stockenten findet zunächst eine Gemeinschaftsbalz der Erpel mit Imponiergehabe statt, bevor die richtige Partnerbeziehung mit Nebeneinanderschwimmen beginnt. Enten brüten in Schilf und Uferdickicht, in Baumhöhlen oder alten Krähennestern, im Siedlungsbereich aber auch auf Flachdächern und Balkonen, in Garagen und Schuppen.

Die Weibchen legen meist sieben bis zwölf weiße Eier, jeden Tag eines, und brüten nach der Ablage des letzten Eis zwischen 25 und 28 Tage. Im Gegensatz zu den nesthockenden Singvögeln sind Enten Nestflüchter; die flauschigen, braunen Dunenküken mit gelben Kopfseiten verlassen nach sechs bis zwölf Stunden das Nest, können sofort selbstständig fressen sowie hinter der Mutter herlaufen und schwimmen. Etwa zwei Monate bilden sie mit der Mutter noch eine Gelegefamilie (Schoof), bis sie flügge sind. Stockenten verpaaren sich auch mit anderen Entenarten.

WEITERE HEIMISCHE ENTEN (HÄUFIGSTE ARTEN)	
Eiderente	Mandarinente
Knäkente	Pfeifente
Krickente	Schnatterente

HILFE IM GARTEN

Stockenten kommen das Jahr über meist nur auf Stippvisite und Nahrungssuche in Gärten, doch brüten sie nicht selten an den erstaunlichsten Orten in unmittelbarer Menschennähe. Im Winter stellen sie sich bei Nahrungsmangel häufig an offenen Futterplätzen ein, wo sie Sonnenblumenkerne, Nüsse, Beeren, Obststücke und sogar Kartoffeln nehmen.

Singender Zaunkönig

3.24 ZAUNKÖNIG

Der heimische Zaunkönig ist die einzige in Eurasien vorkommende Art aus der gleichnamigen Familie (Troglodytidae) mit 17 Gattungen und etwa 80 Arten. Nach den beiden Goldhähnchenarten ist er der drittkleinste Vogel Europas. In Sagen, Märchen und Liedern ist er mit gutem Ruf in der Kulturgeschichte präsent.

MERKMALE

Der rundliche, 9 bis 11 cm große Zaunkönig (Troglodytes troglodytes) hat einen spitzen, leicht gebogenen Schnabel und ist an seinem meist hochgestellten Schwanz zu erkennen. Die Oberseite ist rostbraun mit dunkelbraunen Wellenlinien an Flanken, Flügeln und Schwanz, die Unterseite fahlbraun. Beide Geschlechter gleichen sich. Mit ihren langen Zehen und kräftigen Krallen können Zaunkönige an Bäumen stammaufwärts laufen. Der laute, lebhafte und schmetternde Gesang des Männchens mit rund 130 verschiedenen Lauten, hohen Tönen und schnellen Trillern ist bis 500 m weit zu hören; da er auch im Winter sehr munter singt, wird er auch „Schneekönig" genannt und ist in der Wendung „sich freuen wie ein Schneekönig" gemeint.
Zaunkönige sind außer zur Brutzeit revierverteidigende Einzelgänger. Sie leben in dichten Hecken und Büschen in Wäldern, Parks und Gärten, lieben die Nähe von Gewässern und halten sich in abwechslungsreichen Gärten mit Deck- und Krautschichten auch in Schuppen, Scheunen, in dicht bepflanzten Hauswänden und am Gartenteich auf.
Sie fressen Insekten, Raupen, Falter, Spinnentiere, Ameisen und kleine Weichtiere sowie ab dem Sommer manchmal

auch kleine Samen und Beeren. In unseren Breiten sind die Zaunkönige Standvögel oder Strichzieher. In Deutschland leben schätzungsweise bis zu 2,2 Mio. Brutpaare.

KULTURGESCHICHTE

In einer Fabel des antiken griechischen Dichters Äsop und in verschiedenen Märchen wird er König der Vögel, indem er den Adler überlistet, und seither in vielen Kulturen als solcher bezeichnet. Die keltischen Druiden weissagten nach seinem Gesang. Sehr häufig wird er in den Werken des englischen Dramatikers William Shakespeare genannt. Zaunkönige wurden früher vielfach gefangen und als Käfigvögel gehalten.

BRUTVERHALTEN

Zaunkönige legen nach ausgiebiger Balz, während der das Männchen mehrere Nester im Rohbau anfertigt, versteckt in Hecken, aber auch in Stallungen und altem Gemäuer ihr kugelförmiges Nest mit seitlichem Eingang aus Moos, Blättern und kleinen Ästen an oder nutzen die alten Nester anderer Vogelarten. Das Weibchen legt fünf bis acht mattweiße Eier mit rostfarbenen Sprenkeln, jeden Tag eines, und brütet 14 bis 18 Tage. Die Jungvögel verlassen nach 14 bis 17 Tagen das Nest und nehmen die nicht genutzten Nester, die das Männchen angelegt hatte, als Schlafplatz. Zaunkönige füttern manchmal auch Nestlinge anderer Arten.

HILFE IM GARTEN

Zaunkönige brauchen zur Ansiedlung im naturnahen Garten oder in Gebäudenähe üppige Dickicht- und Krautschichten, durch die sie wie Mäuse huschen, Hecken und Büsche und einen reichen Insektenbestand. Sie nehmen Nisthilfen wie Halbhöhlen und frei hängende, vor Katzen geschützte Nistkugeln mit einem Einschlupfloch von 27 bis 30 mm Durchmesser an, die sie sich auskleiden. In harten Wintern, in denen sie große Verluste erleiden, bilden mehrere Tiere in Nistkugeln und Nistkästen häufig eng aneinanderliegende Schlafgemeinschaften.

Zaunkönigbrut im Nistkasten

3.25 ZEISIGE

Die Zeisige (Spinus) bilden eine Gattung mit 20 Arten in der Familie der Finken sowie der Unterfamilie der Stieglitzartigen und leben vor allem in Amerika. Wie andere Finkenarten waren sie lange beliebte Käfigvögel.

MERKMALE

Zeisige sind kleine bis mittelgroße Finken mit kräftigen, kegelförmigen Schnäbeln, die vielfach ein auffallend buntes Gefieder tragen. Sie sind hauptsächlich Bewohner von lichtem Wald- und Buschland, doch sind gerade die europäischen Arten in landwirtschaftliche Kulturen, Parks und Gärten vorgedrungen. Ihr Gesang ist ein munteres Zwitschern. Sie fressen meist Sämereien, vor allem die Samen bestimmter Baumarten, Körner und Knospen, aber auch Beeren und Kleininsekten. Kopfüber an Zweigspitzen hängend, holen sie Samen aus Zapfen heraus.

BRUTVERHALTEN

Zeisige bauen ihre dickwandigen Nester aus Zweigen, Wurzeln, Halmen und Moos auf Astgabeln in Bäumen und Sträuchern oder in Baumkronen. Die Weibchen legen drei bis sechs helle Eier mit dunklen Sprenkeln und brüten 13 bis 14 Tage. Die Nestlinge sind nach 14 bis 15 Tagen, beim Zitronenzeisig nach 18 Tagen flügge.

KURZPORTRÄTS

Der 12 cm große Erlenzeisig (Carduelis/Spinus spinus) ist die bekannteste und häufigste heimische Zeisigart und wird oft einfach Zeisig genannt. Von Weitem ist er leicht mit dem Girlitz zu verwechseln. Das Männchen trägt einen graugrünen Rücken, hat einen gelben Kopf und grüne Wangen, Stirn und Kinnfleck sind schwarz. Die schwarzen Flügel tragen eine gelbe Binde, die Brust ist grüngelb. Sein zwitschernder Gesang hat auch schnarrende Partien. Die Weibchen haben einen hellgrauen Kopf und sind auf der Oberseite graugrün, auf der Unterseite hellgrau gestrichelt. Erlenzeisige leben in Nadel- und Mischwäldern, brüten meist in

Erlenzeisig, die häufigste Art

Fichten und fressen Baumsamen, am liebsten von Birke, Erle und Fichte, sowie andere Sämereien und manchmal Insekten. Sie sind in unseren Breiten Standvögel oder Teilzieher und suchen im Winter in großen Schwärmen nach Nahrung. In Deutschland leben schätzungsweise bis zu 100 000 Brutpaare des Erlenzeisigs. Der bis 14 cm große Birkenzeisig (Acanthis flammea) hat eine graubraune Oberseite und eine weiße Unterseite mit hellrosaroten Brustpartien (Männchen). Auffallend ist der karminrote Vorderscheitelfleck. Er lebt meist in Nordeuropa und zieht in den Wintermonaten nach Mitteleuropa. Der Vogel lebt in Birken-, Erlen- und Nadelwäldern und frisst ebenfalls Baumsamen. In deutschen Regionen gibt es bis zu 14 000 Brutpaare. Der ähnliche, aber hellere Polar-Bikenzeisig lebt im äußersten Norden Skandinaviens und kommt nur als Wintergast nach Mitteleuropa; der 12 cm große Zitronenzeisig mit gelbgrüner Unterseite und Stirn kommt als Gebirgsvogel mit nur 850 Brutpaaren vor allem in den Alpen und in den höher gelegenen Regionen des Schwarzwalds vor.

HEIMISCHE ZEISIGARTEN	
Birkenzeisig	Polar-Birkenzeisig
Erlenzeisig	Zitronenzeisig/-girlitz

Birkenzeisig mit rotem Stirnfleck

HILFE IM GARTEN

Im Winter suchen besonders Erlenzeisige gezielt in Siedlungsgebieten in Trupps Futterhäuschen auf, wo sie kleine Sämereien und gehackte Erdnüsse nehmen. Als geschickte Kletterer erkämpfen sie sich ihren Platz am Meisenknödel und fressen auch kopfüber. Zeisige baden gern und halten sich oft ausgiebig an der Frischwassertränke auf.

A
Ackerhummel 38
Afrikanische Honigbiene 8
Afterweisel 22
Alpenbraunelle 108
Alpenhummel 41
Alpensegler 120
Ammenbienen 20
Ammern 60, 61
Amsel 76, 77
Amselsterben 76
Arbeiterinnen 20, 22, 36, 45
Arbeitsbienen 16
Asiatische Honigbiene 17

B
Bachstelze 68, 69
Bartmeise 122, 125
Bauernkanari 64
Baumhummel 40
Baumläufer 70
Bergfink 87, 88
Berglandhummel 41
Berglaubsänger 113
Bergwaldhummel 41
Bestäubung 24, 44
Beutelmeise 122, 125
Bienen 8 ff.
Bienenbrot 25, 36
Bienenkönigin 22
Bienenkorb 28
Bienenpest 32
Bienenschwarm 25
Bienensterben 14, 34
Bienenstich 9
Bienenstock 10, 33, 50
Bienentränke 27
Bienenvolk 20
Bienenwachs 31
Bienenweiden 27
Birkenzeisig 157
Blaukehlchen 97
Blaumeise 54, 55, 126, 127
Blauschillernde Sandbiene 12, 13
Blutbienen 13
Blütenstaub 24
Bluthänfling 86, 89
Braunkehlchen 97
Bruder Adam 19
Buchfink 54, 90, 91
Buckelbrut 22
Buckfast 19, 28
Buntspecht 146

C/D
Carnica 19, 28
Colony Collapse Disorder 35
Deformed Wing Virus 32, 51
Distelfink 87, 94
Distelhummel 41
Dohle 133
Dompfaff 92, 93
Dorngrasmücke 107
Dreizehenspecht 144
Drohnen 20, 21, 36
Drosseln 72
Dunkle Erdhummel 42
Dunkle Europäische Biene 18

E
Eichelhäher 135
Eisenhuthummel 41
Elster 134
Entenmarsch 153
Erlenzeisig 156
Eulen 80

F
Faulbrut 32
Feldhummel 38
Feldlerche 118, 119
Feldsperling 149
Fichtenkreuzschnabel 89
Finken 86
Fitis (Fitislaubsänger) 114
Fliegenschnäpper 96
Frischwassertränke 100, 157
Furchenbiene 12, 15
Futterplatz 91, 95, 126, 128, 135, 137

G
Gartenbaumläufer 70, 71
Gartengrasmücke 107
Gartenhummel 38
Gartenrotschwanz 98, 99
Gelbbindige Furchenbiene 12
Gelée Royale 23, 31
Gewächshaus 45
Giftstachel 9
Girlitz 88
Goldammer 64, 65
Goldhähnchen 104
Goldhähnchen-Laubsänger 112, 113
Grashummel 40
Grasmücken 106
Grauammer 60, 63
Grauspecht 147
Grauweiße Hummel 41
Große Erdhummel 42
Grünfink 88
Grünlaubsänger 112, 113
Grünspecht 147

H
Habichtskauz 81, 82
Hainschwebfliege 52
Halsbandschnäpper 97
Haubenlerche 116, 117
Haubenmeise 130
Hausrotschwanz 96, 97, 98
Haussperling (Spatz) 148, 149
Heckenbraunelle 108, 109
Heidehummel 40
Heidelerche 117
Hellgelbe Erdhummel 43
Hochzeitsflug 20, 23, 37
Hohltaube 137
Honig 30
Honigbienen 16
Honigblase 30
Honigschleuder 30
Honigtopf 36
Hosenbiene 10
Hummelkästen 48
Hummelkönigin 36
Hummeln 36 ff.
Hummelnest 37, 47
Hummelnestmotte 50
Hummelsterben 50
Hummelvolk 51
Hummelzucht 42

I/K
Imkerei 28
Italienische Biene 18
Kärntner (Krainer) Biene 19
Käuze 80
Keimling 25
Kernbeißer 87, 89
Kittharz 31
Klappergrasmücke 107
Kleiber 110
Kleinspecht 144
Klotzbeutel 29
Kohlmeise 123, 124, 128, 129
Kolkrabe 132, 133
Krammetsvogel 78
Kryptarum-Erdhummel 43
Kuckucksbienen 11
Kuckuckshummeln 37

L/M
Laubsänger 112
Lerchen 116
Lerchenfenster 118
Linné, Carl von 18
Magazinbeuten 29
Mahd 50
Makedonische Biene 19
Maskenbienen 13
Mauerbienen 12
Mauersegler 120, 121
Mauser 54
Mehlschwalbe 138, 139, 140, 141
Meisen 122
Meisenkasten 123, 126, 128, 130
Meisenknödel 100, 110, 123, 126, 128, 130, 131, 145, 146, 157
Met 31
Mimikry 52
Mistbiene (Keilfleckschwebfliege) 53
Misteldrossel 73
Mittelspecht 144
Mönchsgrasmücke 106, 107
Mooshummel 41

N
Nachtigall 56, 102, 103
Nebelkrähe 133
Nektar 8, 9, 11, 12, 20, 21, 24, 26, 30, 36, 44, 52
Nektarraub 44
Neonicotinoide (Neonics) 35, 51
Nestflüchter 55
Nesthocker 55
Nesträuber 59
Nisthilfen/-kästen 59, 97, 98, 100, 110, 123, 126, 128, 145, 149, 151, 155
Nosemose 32, 51

O/P
Ohrenlerche 117
Ortolan (Gartenammer) 61, 62
Östliche Honigbiene 16, 17
Platzhocker 55
Pocketmaker 45
Polar-Birkenzeisig 157
Pollen 44
Pollenstorer 45
Pollentönnchen 45
Propolis 31

R
Rabenkrähe 133
Rabenvögel 132
Rauchschwalbe 138, 139
Ringdrossel 73, 74
Ringeltaube 136
Rohrammer 63, 66, 67
Rotdrossel 75
Rotkehlchen 100, 101
Rotpelzige Sandbiene 12

S
Saatkrähe 133
Sammelflug 25
Sandbienen 12
Sandhummel 41
Scheibenhonig 30
Schleiereule 84
Schleuderhonig 30
Schmätzer 96
Schoof 153
Schütteltanz 21
Schwalben 57, 138
Schwalbenhaus 141
Schwalbenturm 141
Schwänzeltanz 21, 35
Schwanzmeise 122, 125
Schwarzkehlchen 97
Schwarzspecht 144, 145
Schwebfliegen 52
Schwirrflug 52
Seidenschwanz 142, 143
Singdrossel 73, 74
Singvögel 56
Singwarte 64
Sizilianische Biene 19
Solitärbienen 11
Sommergoldhähnchen 104
Spechte 144
Sperlinge 148
Sprosser 102, 103
Spurbienen 21
Stadttaube 136, 137
Standvögel 57
Star 150
Starenkasten 151
Steinhummel 39, 47
Steinkauz 81, 83
Stieglitz 94
Stockente 152
Stockmutter 22
Strichvögel 58
Südgriechische Biene 18
Sumpfmeise 122, 124
Sumpfohreule 80, 81

T
Tannenmeise 131
Teilzieher 58
Trachtpflanzen 26, 38, 40, 46, 47
Trauerschnäpper 97
Trughummel 41
Türkentaube 137
Turteltaube 137

U/V
Uferschwalbe 138, 139
Uhu 80, 81, 82
Usutuvirus 76
Varroamilbe 14, 17, 32, 33, 51
Veränderliche Hummel 41
Vögel 54 ff.

Vogelfutter 58
Vogelhaus/-häuschen 58, 89, 91, 92, 93, 97, 105, 110, 122, 128, 135, 143, 149

W
Wabenhonig 30
Wacholderdrossel 75, 78, 79
Wachsmotten 50
Waldbaumläufer 71
Waldkauz 81, 83
Waldlaubsänger 112
Waldohreule 85
Wanderlaubsänger 112
Wehrimmen 36
Wehrstachel 9, 36
Weiden- oder Mönchsmeise 122, 124
Weidenammer 63
Weisel 22
Weißrückenspecht 144
Wendehals 144, 145
Westliche Honigbiene 16, 17, 18, 28
Wiesenhummel 39
Wildbienen 10, 11
Winterfütterung 59
Wintergoldhähnchen 104, 105

Z
Zargen 29
Zaunammer 63
Zaunkönig 154, 155
Zeisige 156
Zilpzalp 114, 115
Zippammer 62, 63
Zitronenzeisig
Zittertanz 21
Zugvögel 57
Zwergammer 63
Zwergohreule 81
Zwergschnäpper 97
Zygote 25

Bildnachweis

UMSCHLAG:
shutterstock.com: Robert Paulus; Lost Mountain Studio; tristan tan; Janson George; starryvoyage; JurateBuiviene; Zoran Matic; Scott Lyons

INNENSEITEN:
shutterstock.com: schaef71 5; fotomarekka 6; Hennie Briedenhann 8; Frank Reiser 9; Puripatch Lokakalin 10; Elliotte Rusty Harold 11; Kompaktfilm 12; Bildagentur Zoonar GmbH 13 u., 36, 65 u., 67 o., 85, 125 o.; DanyL 14; Jaco Visser 15; StudioSmart 16; AbdulRosid 17; Daniel Prudek 18; GrahamMoore999 20; tomasz karwowski 21; StockMediaSeller 22; Mirko Graul 23, 33 o., 138; azur13 24; goran cakmazovic 25; szefei 26; Maryna Lipatova 27; Augenstern 28; grafvision 29; Billion Photos 30; FreeProd33 31 o.; JeepFoto 31 u.; Anton Nagy 33 u.; satephoto 34; Fotokostic 35; Chris Moody 37; Geza Farkas 38 o.; kentaylordesign 38 u.; Mr. Meijer 39 o. und u.; IanRedding 39 M.; Ed Phillips 40 o., 44; Ant Cooper 42 o.; Irina Orlova 42 u.; Arto Hakola 43 o.; Anthony Fergus 43 u.; MLArduengo 44; vallefrias 45; Tobias Arhelger 46; Yafyna 47; Hirundo 48; Andrew_T 49; Hans Verburg 51; Kletr 52, 55 u.; PHOTOFUN 53; sasimoto 54; markmedcalf 55 o.; guentermanaus 56; Delpi 57; Oleg Mayorov 58; 2xWilfinger 59 l.; Mark Wolters 59 r.; Marcin Perkowski 60, 132; Kirsanov Valeriy Vladimirovich 61 o.; Lev Paraskevopoulos 61 u.; John Navajo 62; Ian Sherriffs 63 u.; Martin Pelanek 64, 117 o.; TTphoto 65 o.; Aleksej Zhagunov 68; Jose Angel Astor Rocha 69 o.; Arnold Vill 69 u.; serkan mutan 70; Ciobaniuc Adrian Eugen 71 o.; TashaBubo 71 u.; Triple H Images 72; BogdanBoev 73, 92; Estuary Pig 74 o.; Erni 74 u., 126; Sandra Standbridge 75 o.; Miroslav Hlavko 75 u.; Ziga Camernik 76; YK 77 o. und u., 103 u., 127 u.; Nick Vorobey 78 o.; Maksim Kazakov 78 u.; Cat Downie 79; Maksimilian 80; GoProPk 81; Richard Whitcombe 82 o.; Vlasto Opatovsky 82 u.; scigelova 83 o.; Karel Bartik 83 u.; Ian Duffield 84; Keith Pritchard 86; Szymon Bartosz 87, 89 M., 124 M., 140, 157; Manzetta 88 o.; clarst5 88 M.; SanderMeertinsPhotography 88 u.; Robert L Kothenbeutel 89 o.; iliuta goean 89 u.; allanw 90; Ket Sang 91 o.; Natalia Bachkova 91 u., 128; Olga Lipatova 93 o.; Steve Buckley 93 u.; Simon Bratt 94; Ivan Godal 95 o.; gabriel12 95 u.; stmilan 96; Jesus Giraldo Gutierrez 97 o., 98, 125 M., 147 o.; aleksey zakharov 97 u.; Ihor Hvozdetsky 99 o.; francesco de marco 99 u.; Nicky Rhodes 100; Gillian Pullinger 101 o.; PJ photography 101 u.; Wildlife World 102, 119 o.; Victor Tyakht 103 o.; Michal Pesata 104, 124 u., 154; Dennis Jacobsen 105, 117 u., 143; Ronald Wilfred Jansen 106; fernando sanchez 107; shashinneko 108; Coatesy 109; SrjT 110; Torsten Lorenz 111; Mriya Wildlife 112; R Maximiliane 113; Risto Puranen 114; Vitaly Ilyasov 115; Svitlana Tkach 116; ArtMediaFactory 118; P V R Murty 119 u.; Drakuliren 120, 156; Inna Astakhova; Sebastian Knight 123 o.; M. Schuppich 123 u.; Yujnyj 124 o.; tony mills 125 u., 141 o.; JGade 127 o.; Vasily Vishnevskiy 129 o.; EtiAmmos 129 u.; Gertjan Hooijer 130; Pouakai Photos 131; Gucio_55 133, 135; R Maximiliane 134; Volddy 136; Ondrej Chvatal 137; Ian Dybal 139; Kruma 141 u.; CezaryKorkosz 142; Ondrej Prosicky 145 o.; Txanbelin 145 u.; Massimiliano Paolino 146; ArvydasS 147 u.; dirkr 148; Johannes Dag Mayer 149; Franke de Jong 150; Alexander Ozerov 151; Ger Bosma Photos 152; Targn Pleiades 153; K Quinn Ferris 155
Wikipedia: Hectonichus 13 o.; Ivar Leidus 19, 40 M. und u.; Arnstein Staverloekk 41 o. und u.; Sarefo 50; 63 o.; Thermos 66; Didier Descouens 67 u.